"创新设计思维"

数字媒体与艺术设计类新形态丛书

Blender

三维创意设计

张若宸 著

人民邮电出版社

北京

U0264998

图书在版编目（CIP）数据

Blender 三维创意设计 / 张若宸著. -- 北京：人民邮电出版社，2024.7
（"创新设计思维"数字媒体与艺术设计类新形态丛书）
ISBN 978-7-115-64271-4

Ⅰ．①B… Ⅱ．①张… Ⅲ．①三维动画软件 Ⅳ．①TP391.414

中国国家版本馆CIP数据核字(2024)第080450号

内 容 提 要

本书系统地讲解了使用 Blender 进行三维创意设计的基础知识及操作方法，并结合案例进行了实操讲解。全书共 9 章，包括 Blender 概述、Blender 软件基础、Blender 建模、数字雕刻、材质贴图基础、PBR 材质基础、光照渲染系统基础、PBR 材质与渲染及 NPR 材质与渲染的综合案例。本书精心选用前沿案例，结合理论知识，解析案例设计思路，详细介绍建模、雕刻、材质贴图、渲染等操作，提升读者设计实操能力。

本书可作为普通高等院校数字媒体艺术、数字媒体技术、动画、影视摄影与制作等专业的教材，也可作为相关专业从业者的自学用书。

♦　著　　　　张若宸
　　责任编辑　许金霞
　　责任印制　陈　犇
♦　人民邮电出版社出版发行　　北京市丰台区成寿寺路 11 号
　　邮编　100164　电子邮件　315@ptpress.com.cn
　　网址　https://www.ptpress.com.cn
　　北京盛通印刷股份有限公司印刷
♦　开本：787×1092　1/16
　　印张：14　　　　　　　　2024 年 7 月第 1 版
　　字数：432 千字　　　　　2025 年 1 月北京第 2 次印刷

定价：79.80 元

读者服务热线：(010)81055256　印装质量热线：(010)81055316
反盗版热线：(010)81055315
广告经营许可证：京东市监广登字 20170147 号

PREFACE

前 言

编写目的

随着数字技术发展，三维创意设计的教学内容广泛应用于动画、影视、游戏等内容创作中。Blender是一款免费、开源的三维图形图像软件，提供建模、材质、渲染、动画、图形化编程等数字内容制作方案。近年来，在全球范围内Blender的软件用户数量增长迅猛，Blender以高效、便捷、全能的工作流程获得众多数字艺术家和设计师的青睐。

为了让读者能够系统地掌握Blender三维技术和创作技巧，本书通过线上线下有机融合的方式，将图书与在线资源相结合，构建了集理论基础、案例演示、任务练习于一体的知识体系。本书对相关的知识、方法与技巧进行了讲解，演示视频和资源为本书的内容提供了重要的支撑。读者可以根据自己的基础知识情况和学习需求进行自主学习。通过案例实践，读者可快速掌握Blender软件的使用方法，并触类旁通地理解和掌握三维数字内容创意及三维建模的制作流程，夯实专业知识。

内容特点

本书各章的内容按照"总起—分述—总结"的思路编排：除第1、2章外，每章的开头提出学习目标和逻辑框架；各章的主体部分围绕案例展开理论知识和操作步骤的讲解，完成原创案例的制作；除第1章外，各章的末尾设有本章总结，在任务练习中部署实践任务。

1. 总起

学习目标：提出每个章节的关键性知识，帮助读者快速了解本章学习的目标。

逻辑框架：使用图示与文字相结合的方式，梳理本章知识的思路。

2. 分述

理论知识：对三维技术、背景知识、软件功能进行阐释。

操作步骤：结合创作案例详细讲解相关知识的运用方法，拆解操作过程。

小贴士：对一些关键性、拓展性的知识进行讲解。

3. 总结

任务练习：在案例小结时，总结关键性的知识点或操作步骤，并布置实践任务。

本章总结：在本章结束时，再次提及总起部分中的关键性目标或框架，复习本章的内容。

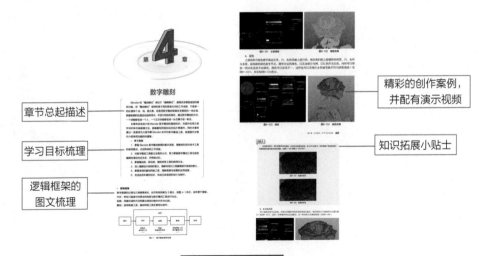

章节总起描述

学习目标梳理

逻辑框架的
图文梳理

精彩的创作案例，
并配有演示视频

知识拓展小贴士

学时安排

本书的参考学时为64学时，讲授环节为30学时，实践环节为34学时，详见下表。

章	课程内容	学时分配／学时	
		讲授	实践
第1章	Blender概述	1	
第2章	Blender软件基础	1	2
第3章	Blender建模	4	4
第4章	数字雕刻	4	4
第5章	材质贴图基础	4	4
第6章	PBR材质基础	4	4
第7章	光照渲染系统基础	4	4
第8章	综合案例：PBR材质与渲染	4	6
第9章	综合案例：NPR材质与渲染	4	6
	学时总计	30	34

资源下载

本书配套的所有演示视频、图片素材、工程文件，以及PPT课件、功能插件等相关资料，读者可登录人邮教育社区（www.ryjiaoyu.com），在本书页面中免费下载。

致　谢

本书由北京邮电大学数字媒体与设计艺术学院组织编写。贾云鹏担任丛书主编，本书由张若宸著，书中案例由张若宸原创完成，部分素材来自网络开源资料库。

朱炫柳、朱童泽、伊丽雯、梅雨瞳、牛芷漫、孙瑜、盛子轩、阮心怡、贾涵泽参与完成了本书素材收集、案例梳理等相关工作，在此表示感谢。本书受中央高校基本科研业务费专项资金资助，项目编号：2023ZCJH05。

张若宸
2024年5月

CONTENTS
目 录

第 4 章

数字雕刻

第 5 章

材质贴图基础

第 6 章

PBR 材质基础

第 7 章

光照渲染系统基础

第 8 章

综合案例：PBR 材质与渲染

第 **9** 章

综合案例：NPR 材质与渲染

第 章

Blender概述

本章将系统性介绍 Blender 软件的发展、现状、生态系统等知识。这些知识点虽然简单，但能够快速建立读者对 Blender 软件设计与经营理念的认同，了解免费、开源、社区共进式技术的发展优势，建立对 Blender 软件的学习信心。

- **学习目标**

1. 了解 Blender 软件的发展历程。
2. 理解开源软件的特点和优势。
3. 理解各主流 DCC 软件功能的侧重点。
4. 认识 Blender 软件的国内外发展现状。
5. 认识 Blender 软件的经营理念。

1.1 Blender软件概述

1.1.1 Blender简介

Blender是一款开源、跨平台的数字内容创作（Digital Content Creation，DCC）软件，可以在Linux、macOS及Windows系统上运行，软件使用了OpenGL的图形界面，可以在所有主流平台上提供一致的用户体验（并且支持通过Python脚本自定义界面）。Blender软件拥有丰富的工具集，适用于电影、动画、游戏、广告、交互设计等多种类型的数字媒体内容创作。Blender软件可进行建模、材质、贴图、绑定、动画、灯光渲染、视频剪辑、视效合成等全流程的三维创作。同时，Blender软件制作的三维作品文件小，便于分发与传播。

1.1.2 Blender软件的发展简史

1988年，托恩·罗森达尔（Ton Roosendaal）与合伙人在荷兰创建了动画工作室NeoGeo。在创作过程中，托恩认为公司使用的软件工具与流程过于陈旧复杂，便从1995年开始自主研发一套三维创作软件Blender。随着Blender研发的不断升级和成熟，托恩开始设想让Blender也可以成为NeoGeo工作室以外的艺术家乐意使用的创作工具。1998年，托恩成立了一家名为Not a Number（简称NaN）的公司，开始进一步运营和开发Blender软件，希望将专业的三维软件工具带给更多的用户，因此还提供了完整的Blender相关商业产品和服务。

在1999年的Siggraph大会上，NaN公司进行了Blender软件的第一次亮相，受到了出席者和媒体极大的关注。2000年，NaN获得了450万欧元的投资，在资本的支撑下，Blender软件的发展速度飞快。2000年夏，Blender v2.0发布，新增了实时渲染引擎，这提升了三维创作的工作流的反馈效率。2000年底，NaN公司的Blender注册用户数超过了25万。

2002年，托恩将Blender软件定义为非营利性工具软件，并组织成立了Blender基金会，通过社区开源项目的方式继续开发和推广Blender软件。时至今日，Blender基金会已获得了包括Apple、Adobe、AMD、NVIDIA、谷歌、微软、育碧等科技行业著名企业和团体的支持，并成为用户数增长迅猛的三维创作工具软件。

1.2 商业软件与开源软件

1.2.1 商业软件

商业软件（Commercial Software）是指被作为商品进行交易的计算机软件，软件开发者或软件开发组织通过销售软件而获利。目前，三维创作行业内流行的3ds Max、Maya、Cinema 4D、ZBrush等软件都是商业软件，它们的功能与数字内容创作领域的流程一同发展，构建了成熟和稳定的生产系统。

1.2.2 开源软件

开源软件是代码开放的非营利性软件，软件的开发与推广是协作式、共享式的，软件功能的迭代升级依靠用户社区生产、测试及行业使用、评价进行。开源软件由开发者、使用者共同设想软件的功能，构思开发技术，共创解决方案。这种可扩展性强、灵活性高、自定义程度大的研发模式，能够加快软件功能的革新速度，从而使其适应不断变化的行业需求，使其始终为用户提供高效的功能。Blender自转为开源软件后，功能与流程一直处于较快速度的迭代过程中，自Blender 2.8版本发布后，Blender软件强大的功能和易用性开始挑战老牌商业软件所构建的生产系统，获得了国内外众多用户的认可和青睐。

1.3 Blender软件现状

1.3.1 全流程DCC软件定位

DCC即数字内容创作，涉及电影、动画、游戏、广告、交互设计等多种类型的数字媒体内容，包含三维建模、材质贴图、动画绑定、灯光渲染等流程。数字艺术创作者常依据不同DCC软件在不同流程环节的特长而组合使用，以完成所构思的数字内容。三维建模常用的软件有3ds Max、Maya、Cinema 4D、Rhino，以及数字雕刻建模软件ZBrush；材质贴图设计制作常用的软件有Substance Designer、Substance Painter等；动画绑定常用Maya软件的骨骼系统；渲染方面常用的软件有RenderMan、Iray、Arnold、Octane等；实时渲染常用的软件有Unity、Unreal Engine等，还有NVIDIA发布的实时渲染工作平台Omniverse。

Blender集合了众多DCC软件的主要功能，并对三维DCC整体流程进行了优化，在几次大版本的更新中推出了几何节点（Geometry Nodes）系统等模块，用创新的思维方式重新定义了三维DCC的创作流程。

1.3.2 优劣势对比

1. 3ds Max、Maya

Autodesk旗下3ds Max、Maya是三维设计的核心工具软件，在影视特效、动画、游戏、室内设计等领域占有稳定的市场份额。3ds Max进入中国市场较早，拥有较为全面的三维创作系统，拥有较大的用户数量和丰富的素材资源，是目前建筑设计、室内设计、游戏美术设计中较为常用的三维软件。Maya在CG特效与三维动画创作领域处于龙头位置。Maya基于三维动画的创作流程构建了自身的技术工具，能够实现复杂的物理特效模拟和细腻的角色动画表现。两款软件在国内外的大型项目中起到举足轻重的作用，但由于存在一定的学习门槛和较高的正版授权费用，在新型三维软件的竞争中开始显现出一定的发展劣势，在近几年的大版本更新中也缺乏功能上的有效革新。

2. ZBrush

ZBrush是Pixologic研发的一款革命性的数字雕刻软件，拓展出基于雕塑性思维的全新三维建模方式，并在数字雕刻功能的基础上不断增强材质编辑、贴图绘制、灯光渲染模块的技术力量。ZBrush特色鲜明、应用垂直，在高精度角色、场景模型设计与制作方面具有优势，是概念设计师、角色设计师、游戏美术设计师、雕塑师喜爱的三维建模工具。但ZBrush的软件页面和操作与传统的三维软件不同，需要较多的时间来熟悉和适应其操作逻辑，并且难以独立完成三维全流程的制作。与之相比，Blender的数字雕刻功能是ZBrush的精简版，工具的使用效率更高、操作更简便，让用户能够快速上手。

1.3.3 Blender国内外使用现状

Blender软件在2019年更新的2.8版本中加入了实时渲染引擎Eevee，大幅提升了三维制作效率，获得了大量新用户的关注和使用。从Google搜索指数、各大视频网站的搜索数据来看，至2022年，Blender全球用户数已经超过4000万，在其丰富、多元的技术工具赋能下，全世界的艺术创作工作室与开发者都在各种各样的项目中使用Blender（见图1-1）。

Blender功能强大，在国内的应用市场逐步扩大，目前在行业应用端已经有大量使用Blender创作的作品，同时，培训教育领域也开设了很多的培训课程，Blender的用户集中于更为年轻的群体和创作团队。

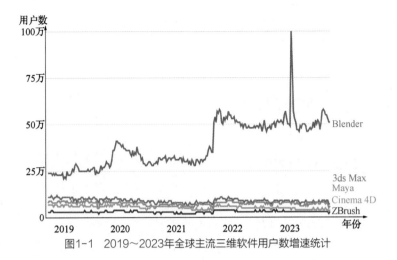

图1-1 2019～2023年全球主流三维软件用户数增速统计

1.4 Blender生态系统

1.4.1 Blender发展理念

　　Blender创始人托恩曾在采访中谈到："我不去参考什么标杆，而是要提升这个标杆。它（Blender）追随的不是潮流趋势，而是自身的发展之路。"Blender软件自开源以来，其发展的初衷便是为广大的三维内容创作者提供高效的工具。由于Blender是非营利性质，其资金来源完全依靠于用户的自主捐赠，因此它的发展动力是真正来自用户，其发展目的也是服务于用户。

1.4.2 Blender基金会

　　Blender基金会是负责Blender的开发及所有与软件相关的项目运营的组织，包括开源工程、交流会议、技术培训等。

　　Blender基金会的负责人托恩·罗森达尔，负责软件的开发目标，以及组织所有相关的活动。人人都可以为Blender提出自己期望实现的功能建议，这些建议经过开发团队的筛选与分析后，确定可行的开发目标后便会开始正式开发。这与商业软件的开发方式大不相同，商业软件公司会自行决定要开发的软件功能，而开发人员无权决定。

　　实际上，Blender的用户如果有能力，可以自己开发新功能，然后将代码提交给Blender基金会即可。如果该功能得到认可，而且符合Blender的开发目标（务必要与软件的其他部分相兼容），那么Blender开发团队就会把该功能加到官方的正式版本中。

　　Blender基金会拥有一些开发人员完成特定的开发任务，但多数开发人员都是志愿参与的，他们自己投入时间去学习和开发软件功能，或者只是因为他们想要参与到开发进程中。

1.4.3 Blender社区

　　Blender社区会为新用户提供帮助和教程，撰写技术文章，以及为Blender基金会募集捐款等。在国内外各大视频等平台网站的用户群中，活跃着众多使用Blender进行创作与教学的内容生产者，基于社交媒体形成了许多小型社群，这些小型社群的研讨与交流也是Blender社区的重要活动。

第 **2** 章

Blender软件基础

　　本章内容介绍的是使用 Blender 软件的准备阶段。这个阶段，读者需要为软件搭建稳定运行的硬件环境并掌握 Blender 的一些基础知识。在基础知识中，对软件偏好设置、流程模块、工作区的掌握程度决定了软件工具使用的效率。相较于 3ds Max、Maya 等三维软件，Blender 在渲染和三维预览功能上具有较大的创新，提高了软件基础的表现效率。因此，本章在 2.3 节提前向读者介绍了 Blender 渲染与预览的框架知识。

- **学习目标**

1. 熟悉 Blender 软件需要的运行环境。
2. 学会 Blender 的偏好设置，提高使用效率。
3. 认识 Blender 主要的流程模块，记忆功能窗口区域位置。
4. 掌握 Blender 默认模块中工作区的功能和基本操作。
5. 对实时渲染与离线渲染建立系统的认识，并掌握常用设置。

2.1 Blender软件运行环境

2.1.1 Blender软件下载

访问Blender中文社区，下载与操作系统对应的软件版本。注意，Blender软件不再支持Windows XP操作系统，仅支持macOS X 10.6或更高版本的Windows与macOS系统，Linux系统需要安装glibc 2.11。

2.1.2 计算机硬件要求

1. 计算机硬件

（1）最低配置要求：根据Blender网站和其他信息来源，本书提供了最低要求，列表如下。

操作系统：Windows 8.1及以上、macOS 10.13及以上或Linux；

存储空间：500 MB；

显示器：1280px（像素）×720px（像素），24位；

CPU：64 位双核，支持 SSE2，2 GHz；

内存：8GB；

显卡：任何运行在 OpenGL 3.3 GPU 和 2 GB RAM 上的 GPU 卡。

（2）推荐配置要求：如果想超越最低规格并充分利用 Blender，则需要对一些计算机器件进行升级。更好的硬件将优化Blender使用体验，避免滞后、软件崩溃和其他问题。下面的设备规格列表不仅能够以高性能级别运行 Blender，而且可以使用 Blender 的所有功能。

操作系统：Windows 8.1及以上、macOS 10.13及以上或Linux；

存储空间：1 TB；

显示器：2560px×1440px，24位；

CPU：64 位八核，支持 SSE2，2.9 GHz及以上；

内存：32 GB及以上；

显卡：高品质GPU卡或12 GB及以上RAM双显卡。

2. 计算机硬件的相关说明

（1）中央处理器（Central Processing Unit，CPU）：CPU算力影响Blender场景的加载及软件的操作响应速度，越复杂的场景对CPU的性能要求就越高。

（2）独立显卡：GPU运算速度远快于CPU，尤其在处理材质贴图、灯光渲染表现方面，因此，若想提升渲染效率，建议使用高性能的NVIDIA或AMD显卡。

（3）物理内存：Blender会利用计算机的物理内存实现场景资源的加载与其他操作，高容量的物理内存能够大幅度提升场景资源的存储与操作效率。

3. 输入设备

（1）带滚轮的鼠标：推荐使用带中键滚轮的三键鼠标，中键滚轮上绑定了Blender常用的操作命令，如果没有滚轮，则需要在"用户设置"中勾选"模拟三键鼠标"复选项。

（2）带小键盘区域的键盘：如果键盘没有数字键区，则需要对一些快捷键进行重新绑定按键，例如：数字键盘上"."键的"框显所选"，以及"0"键的进入摄影机视角。

（3）数位板：数位板又称绘图板或绘画板、数字板，提供的压杆笔与数字绘画操作适用于Blender的数字雕刻、纹理绘制模块。

2.2 Blender软件概览

2.2.1 Blender偏好设置

1. 常用设置

（1）语言：Blender集成了良好的中文语言，首次打开软件时可进行语言选择，也可以在首选项的界面栏中找到语言设置项，本书选择"简体中文"，如图2-1所示。

图2-1　语言设置

（2）插件：插件管理器的列表中是已安装的Blender插件，常用的插件会在本书的相关案例中进行相应的介绍。插件管理器提供了搜索功能，并可以根据项目需要自行选择是否加载。这里要注意的是，插件管理器上方有3个选项卡"官方版""社区版""测试版"，用于相应软件版本插件的选择。通常情况下默认打开的是"官方版"，这时有一些新开发或用户自定义开发的插件不会在列表中显示，需要按住Shift键单击"社区版"和"测试版"选项卡，添加相关的插件，如图2-2所示。

图2-2　插件管理器

小贴士

在每次更改完设置之后，可单击首选项窗口左下角的按钮 ☰ 以"保存用户设置"，即可记录所有的设置更改，如图2-3所示。

图2-3　保存用户设置

2. ".blend"文件名与自动保存

Blender的文件后缀名为".blend"。在偏好设置的"保存&加载"选项卡中，选择"保存版本"右侧的数字将会在保存文件时自动生成备份文件".blend1"".blend2"".blend3"，文件名后缀数字对应保存版本后的数字，如图2-4所示。这些文件后缀名中带数字文件是当前场景的备份文件，并依据"自动保存"选项区域下的"间隔（分钟）"时间来进行自动保存。如遇到".blend"原场景文件损坏或无法打开，可将最近保存的备份文件的文件后缀名改为".blend"，即可使用Blender打开备份文件，减少工作损失。

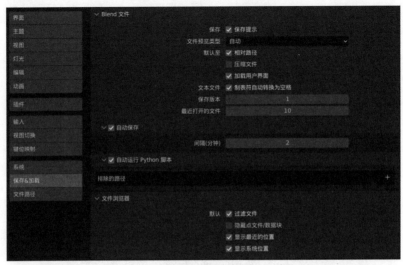

图2-4　保存设置

2.2.2 Blender全流程模块

Blender的界面即可体现Blender的三维全流程设计，单击界面顶端的工作区按钮可实现在不同的工作区之间进行切换。每个工作区都由一组包含编辑器的区域组成，并且面向特定的任务。在处理一个项目时，通常会在多个工作区之间进行切换。

Blender系统默认的界面如图2-5所示，各菜单栏的主要功能如下。

（1）Layout：默认的初始界面，用于预览。

（2）Modeling：多边形建模模块，切换即进入当前选中物体的编辑模式。

（3）Sculpting：数字雕刻模块，通过雕刻工具修改网格，本书第4章会进行讲解。

（4）UV Editing：UV编辑模块，将图像纹理坐标映射到物体表面。

（5）Texture Paint：纹理绘制模块，在3D视图中绘制图像纹理，本书第6章会进行讲解。

（6）Shading：材质编辑模块，使用节点式工具编辑用于渲染或预览材质属性，本书第6章会进行讲解。

（7）Animation：动画模块，结合时间线与曲线编辑器制作基于关键帧的运动效果。绑定与动画是三维技术流程中专业、精深的领域，需要不断练习，以积累经验。

（8）Rendering：渲染模块，默认最大化显示渲染视图，可以查看渲染结果。

（9）Compositing：后期合成模块，使用节点式合成工具对图像和渲染结果进行处理。

（10）Geometry Nodes：几何节点模块，Blender 3.0版本后重点开发的功能模块，拥有强大的节点编辑工具，能够实现令人惊艳的程序化艺术效果。

（11）Scripting：脚本模块，是使用Python语言与软件交互的技术模块。

图2-5 全流程模块

2.2.3 Blender界面

Blender 的默认启动界面会显示"Layout"工作区。此工作区是预览场景的初始工作区，包含以下编辑器：3D 视图（黄色）、大纲视图（绿色）、属性编辑器（蓝色）和时间线（红色），如图2-6所示。

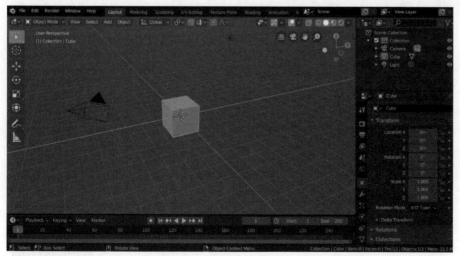

菜单导航

图2-6 "Layout"工作区

1. 3D视图

3D 视图是三维软件的核心操作界面，用于与 3D 场景及场景内物体进行交互，例如，建模、动画、纹理绘制等。3D视图的交互是使用Blender软件的基础，同时也是使用软件非常重要的操作习惯。熟练掌握下面的视图交互操作能够大幅度提高工作和创作效率。

3D 视图交互

① 3D视图的交互方式：移动（按Shift+鼠标中键）、旋转（按鼠标中键）、缩放（按Ctrl+鼠标中键）。

② 正交视图：按住鼠标中键进行旋转时，同时按住Alt键，可将视图吸附到正交视图，即正、侧、顶等无透视的观察角度。吸附到正交视图后，可对窗口进行移动（按Shift+鼠标中键）和缩放（按Ctrl+鼠标中键）交互，若按鼠标中键进行旋转时会自动退出正交视图，再次回到3D视图的交互方式。

③ 视图切换：快捷键为"～"，可快速切换视图观察方式。

④ 框显所选：这是非常重要的一个3D视图交互，该操作能够快速让视图摄影机的视觉中心放置到选中的物体上，默认快捷键是带小键盘的"."键。对于使用笔记本电脑或没有小键盘的读者，可以在首选项的快捷键设置中将"框显所选"的快捷键改成其他按键，如"'"。

⑤ 孤立显示：快捷键为"?"，该操作可隐藏其他物体，并将"3D视图"的摄影机视觉中心锁定到孤立显示的物体上。

⑥ "3D视图"显示模式的切换：半透明显示（按组合键Alt+Z）、线框显示（按组合键Shift+Z），单独按Z键时可通过鼠标选择其他模式。

3D视图主要包括标题栏、工具栏、侧栏3部分。

（1）标题栏

标题栏中有多个按类别进行区分的选项，功能较多，本小节就不再赘述了，读者可自行探索，并根据自己的操作需要对其进行记忆。重点的功能我们会在后续的章节中结合案例进行详细讲解。

注意，这两个高亮显示的按钮开关，可打开或关闭3D视图中的一些内容，如图2-7所示。例如：网格、线框、快捷按钮等，具体内容可在按钮右侧箭头的下拉菜单中查看。

图2-7　物体模式标题栏

小贴士

Blender 软件中任意的工作区都可进行切换，方法是选中标题栏左上角的下拉菜单，并选择对应的工作区名称。

（2）工具栏

在物体模式下，3D视图的工具栏区块有9个工具，如图2-8所示。由上到下的功能依次如下。

物体基本交互

① 选择：选择或激活三维物体工具，可长按该图标按钮进行选择方式的切换，分别有框选、刷选、套索选择3种模式，和只进行激活物体的调整模式。在物体模式下的3D视图中，还有一些常用的选择功能，如复选（按Shift键+鼠标左键）、全选（按快捷键A）、框选（按B键+鼠标左键）、框选移除（按B键+鼠标左键）、反选（按组合键Ctrl+I）。

② 光标：激活后可使用鼠标在3D视图中设置光标的位置，光标位置决定了三维物体被创建出来的起始位置。有时，光标位置也可以作为放置三维物体中心点的参考点、旋转中心点、缩放中心点等参照坐标进行灵活使用。

③ 移动：快捷键为G，轴向移动组合键：G+X/Y/Z（输入数值可精确控制）。

图2-8　工具栏区块

④ 旋转：快捷键为R，轴向旋转组合键：R+X/Y/Z（输入数值可精确控制）。

⑤ 缩放：默认为等比例缩放，快捷键S，轴向缩放组合键：S+X/Y/Z（输入数值可精确控制）。

⑥ 综合变换：激活后能够在三维物体上显示移动、旋转、缩放合一的综合坐标轴，方便用户进行统一化操作，与Maya等三维软件的操作逻辑类似。

⑦ 批注：使用画笔式工具在3D视图中进行自由式涂鸦和批注。

⑧ 测量：拖动鼠标测量线段的长度。

⑨ 交互式创建立方体：拖曳鼠标可进行灵活的三维立方体创建，可用于绘制草稿。

（3）侧栏

按N键可在3D视图中打开右侧的工具栏，侧栏中包含对应物体变换数据的一些参数及已加载插件的独立菜单，如图2-9所示。注意，其中的"视图"选项卡，"视图"代表当前3D视图中所使用的摄影机参数。我们可以通过设置焦距来改变摄影机的透视畸变，修改裁剪起点和结束点来改变3D视图中显示物体的范围。

图2-9　侧栏

小贴士

在一些场景的显示中，会因为模型与模型间的距离过小而出现视图显示频闪的问题，可以加大摄影机裁剪起点的数值来解决这一问题。

Blender还为用户提供了灵活的自定义界面功能。将鼠标移动到工作区的角上时，鼠标的指针会变为白色线框十字状 ，此时单击鼠标左键的同时拖动鼠标即可创建新窗口。选中窗口左上角的下拉菜单，可打开"菜单编辑器类型"选项卡（见图2-10），通过单击选择可实现切换对应窗口的功能。

在此介绍几个常用的编辑器：

① 3D视图：Blender软件的主要交互界面。

② 图像编辑器：查看场景内的图片素材。

③ UV编辑器：使用点、线、面的方式编辑模型的UV坐标。

④ 着色器编辑器：节点式的材质和贴图编辑工具。

⑤ 大纲视图：列出了场景中的所有元素，可在复杂的场景中选择特定的物体或群组，或者搜索名称。

⑥ 时间线：显示场景时长的窗口，并且能够控制动画播放，跳转到指定的帧。

⑦ 曲线编辑器：使用曲线，编辑关键帧动画的速率。

图2-10　菜单编辑器的类型

若想删除多余的工作区，可将鼠标移动到两个窗口的中间线上再单击鼠标右键，选择"合并区域"并移动鼠标，可实现窗口界面的拼合。若选择"区域互换"，则能够实现窗口界面的相互交换。对界面做出自定义设置后，可选择"文件"→"默认"→"保存启动文件"来记录自己的修改。

2．大纲视图

（1）基本功能

大纲视图（见图2-11）是展示Blender文件中数据的列表，主要功能如下：

大纲视图

① 查看场景中的数据。

② 选择或取消选择场景中的物体。

③ 隐藏或显示场景中的物体。

④ 启用或禁用物体（使物体无法被选择、编辑、显示、渲染）。

⑤ 查看物体是否在渲染中出现。

⑥ 从场景中删除物体，选中高亮时按X键可直接删除。

大纲视图中的每一行都显示一个场景中的对象。单击名称左侧的折叠三角形以展开当前的数据块，并查看其包含的其他数据块。按住Shift键并单击折叠三角形将展开所有层级的子数据块（见图2-12）。

图2-11　大纲视图

图2-12　大纲视图数据块的展开

（2）筛选

打开大纲视图右上角的筛选开关，可增加或减少大纲视图内对象的筛选类型，这些便捷的按钮可以大幅度提升工作效率（见图2-13）。

图2-13　大纲视图的筛选菜单

"限制开关"的前5个按钮十分重要，激活之后，在对应的集合或物体数据块后方能够看到相对应的按钮 ，按从左往右的顺序，5个按钮的功能如下。

① 排除开关：关闭后，该数据块不存在于场景的显示或渲染中，仅在场景文件的打开和关闭时进行读写处理。

② 可选性开关，关闭后，该数据块无法在视图中被选中。

③ 可见性开关，关闭后，该数据块不在"3D视图"中显示。

④ 视图显示开关，关闭后，该数据块不在"3D视图"和视图渲染中显示。

⑤ 渲染可见性开关，关闭后，该数据块不会在最终渲染中显示。

（3）集合管理

集合是大纲视图内多个数据块的组合，可选择多个物体，按M键创建集合并命名，如此，可以将它们放置在一个新建的集合中。之后，便可统一对其进行筛选类型的编辑，大幅度提升操作效率。

3．属性

（1）基本功能

属性编辑器是Blender软件中操作较为频繁的区域，可以通过它对三维场景的属性进行整体设置，并调整场景中所有物体、工具或节点的一切可编辑数据。

（2）基本选项卡

属性编辑器左侧有5个灰色图标 的基本选项卡，自上到下分别为工具、渲染、输出、视图层、场景。

① 工具：设置当前激活工具的细节选项。

② 渲染：设置Blender软件内渲染器的细节参数，常用的渲染器有Eevee和Cycles两种，详细设置我们将在第7章进行介绍。

③ 输出：设置软件输出的图片或视频的细节参数。

④ 视图层：控制各类图像通道和渲染物体的开关。

⑤ 场景：设置场景的单位、物理模拟、音频等全局属性。

（3）其他选项卡

除基本选项卡以外的其他选项卡，会根据当前选中的物体种类产生不同的切换。随着本书内容的不断展开，本书将会详细地介绍这些各类物体的属性设置。

4. 时间线

（1）基本功能

时间线通过显示当前帧、活动对象的关键帧、动画序列的开始和结束帧、用户设置的标记，为用户提供场景动画的全面概览。时间线的基本功能包括关键帧动画的播放、暂停、倒放等。

（2）视图调整

① 平移：按住鼠标中键并向左或向右拖动，可以对时间线进行左右平移；按住鼠标中键并上下拖动，可以对时间线进行上下平移。关键帧默认显示在时间线的最上端，一些初学者常常上下平移误操作后，找不到活动对象的关键帧，此时只需要再次按住鼠标中键并向上拖动即可。

② 缩放：按住Ctrl键的同时滑动鼠标滚轮，或直接滑动鼠标滚轮。

③ 帧范围：在默认情况下，帧范围设置为从第1帧开始，在第250帧处结束。读者可以根据需要自行输入数值来改变Blender场景的帧范围。

（3）关键帧控制

对于活动对象和选定对象，关键帧显示为菱形。读者可以单击一次选择一个，也可以通过按住Shift键或拖动关键帧周围的框来进行多选。然后，在单击选中的同时可以通过拖动鼠标来移动单个关键帧，或者可以通过按G键移动多个关键帧，或按S键来进行缩放。

关键帧控制在绑定、动画及特效环节应用较广，在本书的第8章综合案例中涉及一些关键帧动画控制的知识，后续将展开叙述。

2.2.4 外部数据管理

一般情况下，Blender文件中的图片信息都以外部链接和路径的方式存在，若涉及文件的变动，可能会存在图片素材丢失的问题。此时，就需要使用外部数据管理功能。

在"文件"菜单下查找"外部数据"的下拉菜单，选择"打包资源"选项即可将全部图片素材整合进Blender文件中。虽然文件容量会相应地增加，但场景内所有的图片信息不会再出现丢失的问题了，为多人协作提供了便利（见图2-14）。

图2-14 "外部数据"下拉菜单

拿到一个打包好的场景文件后，如需要单独使用其他软件对图片素材进行编辑，则可以选择"解包资源"选项并选择创建独立的文件夹，以在当前Blender文件目录下创建新的资源文件夹，放置解包出的素材资源。

2.3　实时渲染与离线渲染

渲染是将 3D 场景转换为 2D 图像或视频的过程。目前，Blender集成了两大渲染引擎Eevee与Cycles，分别对应实时渲染和离线渲染的不同需求。

实时渲染，是指计算机能够根据用户的操作与反馈以低延迟甚至无延迟的渲染输出画面，实现实时操控，多应用于三维游戏、虚拟仿真等领域。实时渲染明显受到计算机硬件算力的限制，必要时需要通过牺牲画面效果，如降低模型精细度、光影解算次数、贴图分辨率等方式来满足实时的要求。随着计算机硬件算力的不断提升，大多数内容创作与娱乐体验都在越来越广泛地使用实时渲染。

离线渲染，是指计算机根据预先设置好的模型、材质、贴图、动画、光影、特效等数据，以耗时较长而画面几乎无损的方式渲染图片或序列帧，输出的画面再通过一定的后期加工最终成为商业静帧图片、电影视效镜头或三维动画影像。离线渲染在渲染时可以不考虑时间对渲染效果的影响而追求极致的画面精细度，但是无法给用户实时反馈出最终版的视觉效果。

2.3.1　Eevee实时渲染概述

Eevee实时渲染器有以下几个比较重要的属性。

1. 采样值

采样值越大，最后输出的渲染精度就越精细，尤其是阴影的效果。系统默认的采样值是"渲染"为64、"视图"为16，即在"3D视图"交互下，以16为采样值进行渲染，而在渲染输出最终版的图像或视频时以64进行采样（见图2-15）。针对不同细节程度的渲染对象，我们需要使用不同的采样值。在渲染精细而细腻的凹凸质感或反射效果时，可以使用128或更高的采样值。

图2-15　Eevee的采样设置

2. 环境光遮蔽

环境光遮蔽（Ambient Occlusion，AO），是一种物体间结构阴影的渲染方法，用于为对象提供立体结构或接触面之间的细节阴影效果，打开AO时，物体间的视觉区隔会变得更加明显（见图2-16）。

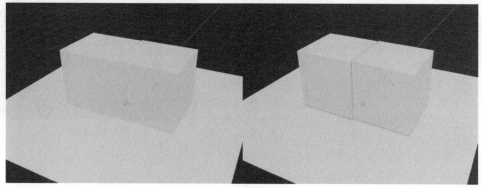

图2-16　打开AO的效果

AO设置中应重点关注"距离",这个数值的变化将直接改变物体间阴影效果的范围。"系数"控制的是AO的不透明度;"追踪精度"的大小则决定AO解算的精细程度(见图2-17)。

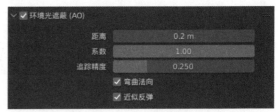

图2-17　AO设置选项

3. 辉光

辉光能够为Eevee渲染的画面高亮区域增色。打开"辉光"后,当画面的高光亮度超过阈值时,Eevee会为其增加泛光效果。"阈值"可以理解为亮度的百分比,数值越大,高光发光的范围就越小。如果把"阈值"改成0.100,则高光度到达10%的区域都会计算辉光效果,场景就会呈现出非常梦幻、迷离的现象(见图2-18)。

图2-18　辉光效果

4. 次表面散射

次表面散射(Sub-Surface-Scattering,3S),最早是计算机图形学中的概念,用来描述光线穿过透明或半透明表面时发生的散射照明现象。比如,对于人类皮肤、蜡烛、玉石等物体,光能够部分穿透表面,进入物体内部进行散射,然后通过物体表面向外散射。

Eevee实时渲染的3S表现效果十分优秀并且设置简洁,若要达到更好的渲染效果只需要增加采样值即可,若使用默认的数值7,也可以获得很好的渲染效果(见图2-19)。

5. 屏幕空间反射

屏幕空间反射控制着Eevee渲染下整个场景内物体之间的相互反射效果,这个选项对于玻璃、水体等高反光、高反射的材质渲染表现至关重要,本书在后续的内容中会详细介绍。勾选"屏幕空间反射"复选项后,渲染响应时间会增加。"屏幕空间反射"选项区域下的"折射"默认是没有被勾选的,勾选后即可在Eevee渲染下观察到玻璃等对其背后物体的实时折射效果。一般情况下,"屏幕空间反射"的默认数值不需要进行手动调整,但在遇到渲染结果出现较多噪点时,可以通过更改"追踪精度"的数值以获得更好的解算效果(见图2-20)。

图2-19　次表面散射采样值

6. 阴影

阴影设置直接决定着阴影贴图渲染的精度。勾选"高位深"复选项能够让阴影贴图变得更加精细，但同时也会增加渲染响应的时间。另一个关键性的设置是"矩形尺寸"，其默认数值为512px，但如果渲染结果中的阴影存在明显的锯齿感或粗糙感，可以将此数值加大，在下拉列表中选择1024px、2048px或更高数值，以获得更柔和、细腻的阴影效果（见图2-21）。

图2-20　屏幕空间反射

图2-21　阴影设置

7. 色彩管理

Eevee渲染设置中的色彩管理对最终渲染输出的画面效果也有着重要的影响。在这里，重点给大家讲解的是"查看变换"中的Filmic模式（见图2-22）。Filmic（电影级）是Eevee下图形的一种色彩空间，它的特点是整体画面较灰，包含较高的动态色域，高光区域不会过曝、暗部区域不会过黑，让后期环节的调色具有更大的操作空间。

勾选"色彩管理"选项区域的"使用曲线"复选项后，可以在Filmic的显示结果上进行曲线调整，可以通过调节曲线对整体色彩（C）或红色通道（R）、绿色通道（G）、蓝色通道（B）进行控制（见图2-23），影响Eevee最终的渲染效果，给最终的实时渲染图像添加了一个类似调色滤镜的效果。

图2-22　Filmic

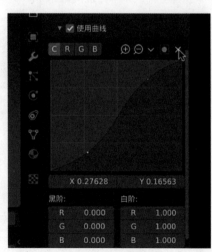

图2-23　调整曲线

2.3.2　离线渲染器Cycles

Cycles是基于物理算法的照片级真实模拟渲染器，它使用CPU+GPU的混合加速带来电影级画面的极速渲染体验。自Blender 3.0版本以来，Cycles渲染器的速度再次获得了大幅度提升，原本渲染1帧需要30min的图在3.0以后的版本中只需要10min，甚至更短。在计算机硬件性能不断提升的未来，也许离线渲染的画面效果会实现实时响应，让三维创作在高效的同时获得高精度的渲染反馈。

图2-24中为Cycles与Eevee的渲染效果对比，我们能够明显感觉到，在同样的场景内容与光照设置下，Cycles的渲染真实度更高，大理石头像的眼睛轮廓、鼻腔、嘴角等细节部位的阴影效果和立体感更好，整体的光影质感更加真实。而图2-24中右侧Eevee的光影效果较为平淡，鼻腔内的阴影缺失，存在漏光的问题。在渲染效率上，Cycles耗费了36s的时间才得到左侧的结果，而Eevee在1s内就可以渲染超过30帧的右侧画面，二者在渲染时长上相差1000多倍。

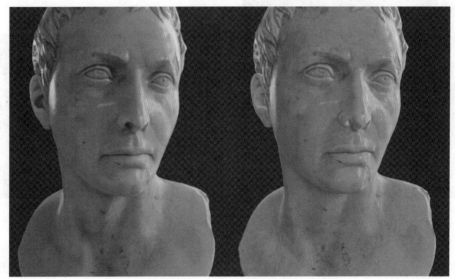

图2-24　Cycles（左）与Eevee（右）的渲染效果对比

图2-25能够更加直观地反映出Cycles与Eevee的渲染效果差异。除了光影方面，我们可以观察到图2-25中左侧图片木纹的色彩更鲜亮、通透，而右侧图片的色彩则较为暗淡。Cycles渲染时会耗费更长的时间去计算光线在不同色彩、结构的物体之前的多次反射、折射的效果，从而得到更加真实和细腻的渲染图像。而效率平衡性更好的Eevee实时渲染，则更倾向于快速地反馈效果。

图2-25　Cycles（左）与Eevee（右）的全局光照与色彩对比

Cycles的设置简明易用（见图2-26）。在"采样"选项区域下，有"视图"和"渲染"两大分类，分别代表在"3D视图"中的交互式渲染和在离线方式中的成品渲染。通常情况下，只需要勾选"视图"中的"降噪"复选项即可获得较好的渲染效果。在后续的内容中，本书会结合案例再详细讲解具体的参数设置。

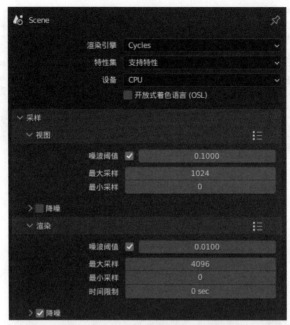

图2-26　Cycles渲染器的默认设置

2.3.3　渲染输出设置

在渲染属性下查找 ![图标] 图标并单击，将切换到输出属性（见图2-27），本小节将详细介绍输出中的重要属性设置，操作完成后，大家可将输出属性设置进行保存，避免每次打开软件后进行重复性的操作。

（1）分辨率："X""Y"分别代表渲染输出图像或视频的长宽像素大小，默认为"1920px×1080px"。"%"代表的是渲染输出的分辨率比例，若将其改为"50%"，则在最终渲染结果中会按"960px×540px"进行计算与输出。

（2）帧率：默认为"24fps"（Frame Per Second，帧每秒），这是电影常用的帧率。为了获得更好的视频流畅度，我们可将其设置为"30fps"。

（3）帧范围：默认为1~250帧，这个范围控制的是最终渲染视频的时长。

（4）时间拉伸：在制作子弹射出时间或高速摄影效果时，可以增大数值来获得更慢速的效果。

（5）输出：设置最终渲染素材的保存路径、格式等。输出默认为PNG格式的静帧图像。PNG是性价比较高的保存RGB色彩和Alpha通道的图像格式。我们可将"颜色"切换为RGBA来保存Alpha通道。若想获得更好的图像品质，可将"压缩"设为"0%"。

若希望渲染整个时间线上的动画效果，则需要将"文件格式"选项中的"PNG"改为"FFmpeg视频"，并在 ![图标]

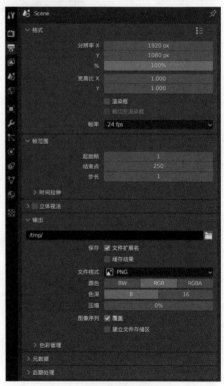

图2-27　输出属性设置（一）

图标按钮下将"视频编码器"选为"H264 in MP4"选项（见图2-28），此时输出的视频将以MP4格式保存，并以高性价比的"H.264"视频编码进行编译。切换成视频格式后，可将"输出质量"设置为"感知无损"（见图2-29），以获得较好的视频质量。

图2-28　输出属性设置（二）

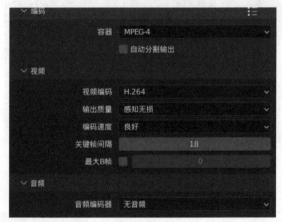

图2-29　输出属性设置（三）

2.4 本章总结

本章我们学习了Blender软件的基础知识和基本操作，包括软硬件准备、Blender界面认识、两种渲染方式等。

经过本章的学习，读者已经了解了Blender界面的操作方式，学会了分割界面、选择编辑器的类型、使用快捷键在3D场景中进行导览，以及按照自己的喜好对Blender界面进行方便且快速的自定义操作。这些操作具有一定的复杂度，也容易遗忘，希望本书能够为大家提供帮助，以便在学习和工作中掌握重点内容。

第 **3** 章

Blender建模

　　建模是使用三维软件进行创作的初始环节，完成物体、角色、场景等立体形体的搭建，为材质贴图、动画绑定、灯光渲染等后续制作环节提供基础资源。本章读者将学习 Blender 建模的基础知识，接触多边形建模工具、修改器建模方法及曲面建模技术。在学习过程中，本书将通过一些案例为大家讲解 Blender 软件的建模工具，梳理操作步骤并介绍常用功能的快捷键。

　　• **学习目标**

　　1. 掌握 Blender 三维物体的交互方法，熟练掌握三维视角的操作和切换，逐渐养成立体的观察和思考方式，并熟练记忆相关操作的快捷键。

　　2. 掌握"物体模式"下的选择方法，"编辑模式"下点、线、面的选择方法及快速选择技巧。

　　3. 理解"网格"物体点、线、面的构成方式，"曲线"顶点，手柄对形状的影响方式。

　　4. 掌握常用的多边形建模工具：插入循环边、挤出、倒角、切割等。

　　5. 掌握常用的修改器：阵列、螺旋、倒角、表面细分、布尔、镜像等。

　　6. 灵活运用本章的知识，完成器皿类造型的建模实践。

✏️ **逻辑框架**

三维模型的构建需要借助复杂的三维软件工具来实现，这个过程也是本章学习的主要内容。在软件工具的学习框架中，可将其拆解为看、选、做 3 部分（见图 3-1），易于理解和接受。

看：使用 Blender 三维界面，与三维空间内的物体进行熟练交互，能够从立体的角度灵活观察物体。

选：正确、快速、精准地选择想要编辑的三维物体或构成三维物体的点、线、面。

做：使用 Blender 建模工具、修改器工具对选中的对象进行编辑。

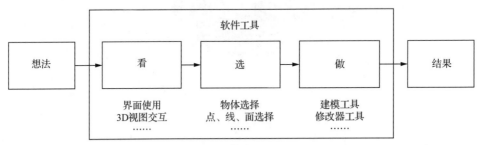

图3-1 建模思维导图

3.1 / 3D物体交互

本节看似简单，但对于刚刚接触三维软件的人而言，熟练地掌握3D视图的视角操作并能够灵活地与3D物体进行交互并非易事。读者需要牢记本书中提炼的重点功能与操作快捷键，并勤于练习，快速地通过键盘和鼠标的操作到达脑中所想的视角，加快"想象—操控—结果"之间的转换速度，训练强大的"肌肉记忆"。

3.1.1 多边形创建

在Blender的"3D视图"菜单中找到"添加—网格"选项（鼠标悬停在"3D视图"任意位置时使用组合键Shift+A），可以看到软件罗列出的多边形网格：平面、立方体、圆环、经纬球、棱角球等，这些有限的多边形网格能够给不同的三维建模需求提供基本的几何体作为后续编辑的基础。这要求在建模之初，对物体进行概括性的形体提炼，例如：要做一个杯子，可以从圆柱体开始；做一栋房子，可以从立方体开始。

3.1.2 基本交互工具的使用

本小节介绍的交互都是针对"物体模式"进行的，"物体模式"是将多边形网格作为一个整体进行交互和编辑的模式。此外，网格物体还有"编辑模式、雕刻模式、顶点绘制、权重绘制、纹理绘制"模式，分别对应点、线、面编辑，数字雕刻，顶点色、骨骼权重、贴图纹理的编辑。我们能在"3D视图"左上角的下拉菜单中找到这些模式，也可以使用组合键Ctrl+Tab进行切换。

1. 选择工具

选择是进行三维物体交互的第一步，这听起来虽然简单，但随着三维技术学习的不断深入、制作难度不断提升，在复杂的三维场景中快速且准确地选择对应的物体，并找到合适的观察视角是需要不断练习的。能够做到"选择物体、灵活观察"可以极大地提高基本的操作效率，同时，这也是建立三维立体思维的重要基础。

（1）选择工具的快捷键：W键。多次按W键可在以下4个选择模式间进行切换："调整""框选""刷选""套索选择"（见图3-2）。"调整"是单独对物体的激活操作；"框选"是默认的选择模式，可通过按住鼠标左键的同时拖动鼠标实现框形的选择激活方式；"刷选"是将鼠标切换为圆形的笔刷，用户可以通过按住鼠标左键的同时拖动鼠标的方式激活对应的物体；"套索选择"与Photoshop的套索工具类似，可以通过按住鼠标左键的同时拖动鼠标的方式来建立选区，选中区域内的物体。

图3-2　4个选择模式

（2）添加选择、复选的快捷键：Shift+鼠标左键单击。Blender中选择多个物体时，最后一个被选中的物体会以高亮的橘黄色边框显示，并确定为被激活的物体（见图3-3）。

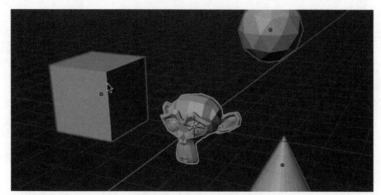

图3-3　选择多个物体

小贴士

　　激活的物体往往会作为属性传递、UV 材质传递、修改器复制的源对象，在后续的内容中会涉及。

（3）其他常用的选择方式。全选：组合键Ctrl+A；反选：组合键Ctrl+I。

2. 移动工具

（1）拖动鼠标，以当前视角为平面自由移动物体，快捷键：G。

（2）单独在X、Y、Z轴向上移动物体时，组合键为G+X、G+Y、G+Z。若同时输入数值可实现精确控制。

3. 旋转工具

（1）拖动鼠标，以当前视角为平面自由旋转物体，快捷键：R。

（2）单独沿着X、Y、Z轴向上旋转物体时，组合键为R+X、R+Y、R+Z。若同时输入数值可实现精确控制。

4. 缩放工具

（1）拖动鼠标，等比例缩放物体，快捷键：S。

（2）单独沿着X、Y、Z轴向缩放物体时，组合键为S+X、S+Y、S+Z。若同时输入数值可实现精确的控制。

5. 复制

（1）直接复制目标物体并移动，或通过组合键Shift+D+鼠标左键移动。

（2）将一个物体从一个Blender场景复制到另一个Blender场景时，依次按组合键Ctrl+C复制，再按组合键Ctrl+V粘贴。

3.1.3 属性编辑面板

属性编辑面板位于Blender软件界面的右侧，图标是橘黄色方框。该面板可在多边形网格的"物体模式"下进行变换、子父物体关系、集合、实例化等操作。本小节将重点讲解"变换"下拉菜单中的编辑功能，在此处，可以用输入数值的方法精确地控制三维物体的移动、旋转和缩放，并且可以通过"变换增量"在"变换"的基础上进行二次的数值设置。这一功能在许多精确化建模方面具有较强的应用性，例如：工业产品建模、建筑工程建模等。

小贴士

三维物体在创建之初的默认数值是 XYZ 位置为 0、XYZ 旋转为 0、XYZ 缩放为 1。物体在多次交互和编辑后，默认数值会发生改变，进而导致倒角、挤出等操作出现错误的后果，可以使用组合键 Ctrl+A 对其变换的数值进行重置。

3.1.4 视图显示切换

视图显示决定了三维建模时"怎么看"的问题，在制作过程中能够第一时间掌控三维视角，做到软件显示内容和想看到的内容高度一致，对三维创作的效率至关重要。

1. 3D视图显示的切换

"3D视图"显示的切换拥有非常多的模式和开关，在本书后续的内容中会为大家具体展开的介绍，而本小节主要介绍能够帮助提升建模效率的视图显示切换。

（1）线框显示切换（组合键Shift+Z）。"3D视图"默认的显示方式是实体不透明的模式，在此模式下物体会基于透视而产生遮挡关系。选择"线框显示"切换后，三维场景中的物体会以线框的方式显示，便于布线时进行观察和对细节进行选择。

（2）半透明显示切换（组合键Alt+Z）。切换"半透明显示"后，三维视图会以实体半透明模式的方式显示物体。

（3）实体+线框显示。在"3D视图"菜单栏中找到"视图叠加层"按钮，在"几何数据"选项区域勾选"线框"复选项（见图3-4），可以在模式实体显示的基础上看到线框的效果。这种显示模式在观察实体模型的布线时较为常用，例如：在进行数字雕刻时，常常会需要观察动态拓扑的生成情况，这时使用这种显示模式就能够解决需求。

2. 模型的平滑着色

模型的"平滑着色"不同于后续介绍的表面细分修改器。"平滑着色"是相对于"平直着色"的模型显示方式而言的，它能够通过计算模型面之间的夹角，生成平滑的渐变色，从而让模型面或者轮廓的边界变得平滑、柔和。

（1）在"物体模式"下选中模型，单击鼠标右键，在弹出的快捷菜单中选择"平滑着色"选项，即可实现模型的整体平滑效果。

（2）若不希望模型变得整体平滑，而想让某些轮廓或线条保持锐利的折线，则需要进入"编辑模式"，选中不想进行平滑的边，并单击鼠标右键进行选择，将其标记为"锐边"。然后，找到模型物体数据属性面板（图标为 ）中的"法向"下拉菜单，勾选"自动平滑"复选项并设置合适的平滑角度。

图3-4 勾选"线框"复选项

3. 框显所选

"框显所选"能够让"3D视图"中被选中的任意物体快速居中至视图中心，实现三维视角的快速切换，也能够在复杂的三维场景中快速找到合适的视角。"框显所选"除了能框显物体的范围外，还能够将"3D视图"视角的旋转中心锁定到选中的物体上，这一功能可以极大地提高观察效率。

小贴士

学好三维建模的一个重要基础是让创作者的思维方式从平面转向立体，学会用立体几何的方式观察物体。在使用软件时，也要习惯在三维界面内进行操作和交互，灵活地从不同的视角对物体进行观察。

"框显所选"默认快捷键是小键盘上的"."键，对于笔记本电脑的用户或无小键盘的用户，可以在首选项中的键位映射里设置"框显所选"的快捷键。本书建议大家可以将这个功能的快捷键设置成单双引号键（见图3-5）。

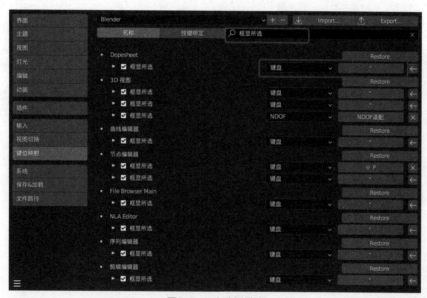

图3-5　4个选择模式

4. 局部显示

"局部显示"与"框显所选"类似，能够让"3D视图"中被选中的任意物体快速居中至视图中心，同时在此基础上隐藏其他物体，让当前物体更清晰地显示，也能让我们更聚焦地编辑当前的物体。这一功能同样适用于"编辑模式""雕刻模式"等建模部分。

3.2 多边形建模实践

前面介绍的是三维建模部分的基础，熟练掌握后，能够极大地提升三维交互、选择、观察、思考的效率。从本节开始，将正式进入三维建模操作环节。

3.2.1 编辑模式

"编辑模式"是多边形建模的主要模式，在此模式下，可以使用各种工具对三维物体的造型和细节进行编辑。

"编辑模式"可以通过选择"3D视图"左上角的下拉菜单进入，也可以通过按组合键Ctrl+Tab进入。单独按Tab键也可以在软件中最近选择过的两个模式下进行切换，例如：软件默认的模式是"物体模式"，当第一次切换至"编辑模式"时，按下Tab键就可以快速切换至"物体模式"，再次按下Tab键又可切回到"编辑模式"。

3.2.2 点、线、面的选择

多边形建模的核心逻辑是通过排布三维空间中的点、线、面来创建物体的造型，在使用编辑工具进行立体造型前，首先需要熟练地选择对应的点、线、面。

1. 点、线、面的选择切换

选择点、线、面的快捷键分别是数字键盘中的1、2、3键，切换非常简单，但难点在于建模过程中使用合理的方式灵活使用点、线、面的选择来快速地改变三维模型。

2. 扩展选择与缩减选择

"扩展选择"与"缩减选择"能够以选定的点、线、面为基础进行相连范围的扩展或缩减，从而快速选中想要的区域（见图3-6）。二者默认的快捷键为小键盘的"+""-"号。笔记本电脑用户可在首选项中将其设置为数字键盘的"+""-"号。具体方法可参照3.1.4小节中"框显所选"的内容。

图3-6　选择顶点并进行"扩展选择"

3. 关联选择

当鼠标悬停到物体表面时按下L键可以快速选中与之相连的网格，这种相互连接又独立于其他组件的网格称为"孤岛"。使用L键进行关联选择的同时按下Shift键，可以复选多个"孤岛"。

4. 循环边与并排边

"循环边"是指首尾相连的边线，使用组合键Alt+单击鼠标左键可以实现快速选择。"并排边"是指四边形两侧彼此平行的边线，使用组合键Ctrl+Alt+单击鼠标左键可以实现快速选择（见图3-7）。

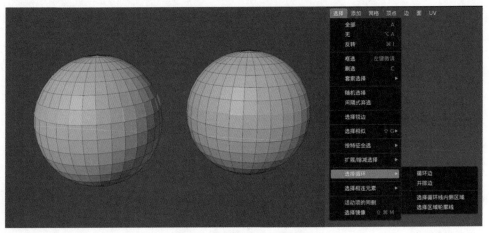

图3-7　选择循环边与并排边

小贴士

　　循环边和并排边是多边形建模中常用的边选择方式。在 Blender 中循环边、并排边的计算逻辑都是基于封闭的四边形而进行的。在多边形建模中，四边形也是较常用、较好的布线排列方式，因此制作过程中应尽量让三维模型主要部分的布线结构设置成四边形。后续介绍的插入循环边、倒角等工具也是基于四边形的逻辑而展开的。

　　5. 点、线、面的选择与视图可见性

　　Blender三维视图默认的显示方式是实体模式，在此模式下，框选工具只针对当前视图中可见的层级产生作用，物体背面被遮住的区域无法被选中。若想同时选中物体前面与后面的点、线、面，则需要打开线框显示模式或半透明显示模式。

　　6. 其他常用的选择工具

　　Blender点、线、面的选择方式还有许多种，上述列举的5种点、线、面的选择方式是根据作者的使用经验所列举的较为常用的选择方式。可以在"3D视图"的"选择"菜单栏下看到（见图3-8），这些将在后续的内容中结合具体案例的制作需求进行介绍。

图3-8　"选择"菜单栏

小贴士

　　三维软件的功能众多，操作也较为复杂，我们不可能将所有功能作为知识点逐一记录下来。最佳的学习方法是通过案例实践熟悉软件的功能，并逐步熟练应用。

3.2.3　多边形编辑工具

　　本小节将以高脚玻璃杯的建模为例，讲解多边形编辑工具的使用方法。高脚玻璃杯的建模由一个圆柱体开始，通过挤出、插入循环边、倒角等编辑工具，让圆柱体从简单的多边形布线结构变为高脚玻璃杯的形状（见图3-9）。接触多边形建模后，读者对于日常生活中的物体要形成几何拆解的观察习惯，善于观察各种物体的

物体编辑模式

立体造型、结构、轮廓线条，从审美感知和理性结构的双重视角将其在脑海中"翻译"成多边形的布线。在应用层面之外，多边形建模对人体思维和审美经验的培养也具有积极的意义。下面将介绍如何基于圆柱体制作高脚玻璃杯的方法。

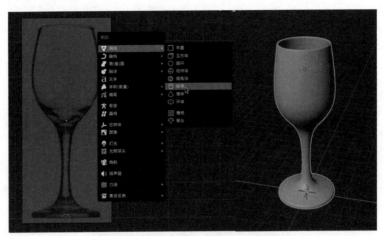

图3-9　由圆柱体转化而成的高脚玻璃杯

小贴士

　　将摄影机视角切换到 *X* 或 *Y* 轴的正交视图，拖入参考图片，并将其缩放、移动至合适的位置，同时调整图片的不透明度。在参考图的帮助下，能够更准确、更高效地完成模型的制作。

1. 杯身的制作
（1）插入循环边

使用组合键Shift+A在"网格"类别下创建一个"圆柱体"作为高脚玻璃杯的基本形状。圆柱体默认有32个面，且每一个面都是一个四边形。可以将其沿着*Z*轴方向拉长作为起始模型。在相连的四边形上可插入循环边（组合键Ctrl+R），创建完成后可拖动鼠标控制其位置（滚动鼠标滚轮可以增加循环边的数量），再次单击鼠标左键以完成创建。若对位置不满意，可以在选中循环边的同时双击G键并拖动鼠标，可以对新建的循环边进行自由滑动。

先将创建的圆柱体拉长，让其高度匹配参考图。再插入若干条循环边并进行缩放，以匹配高脚玻璃杯的轮廓，完成杯身的制作，如图3-10所示。

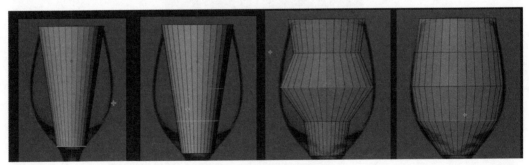

图3-10　杯身造型的制作过程

小贴士

　　在 Blender 中按 S 键并拖动鼠标可实现缩放功能，同时按下 Shift 键，能够实现对缩放的精细化控制。这一技巧同样适用于移动和旋转操作。

（2）挤出工具

挤出工具是多边形建模中快速拓展造型结构的常用工具，该工具的快捷键是E，挤出后使用位移工具可以产生新的结构。在Blender中，挤出工具对点、线、面都可以产生作用。对点进行挤出会形成线、对线进行挤出会形成面、对面进行挤出会形成体。

① 选中杯身的底面，按E键将其挤出，按住Z键的同时拖动鼠标，将杯子的"高脚"移动到合适的位置，如图3-11所示。

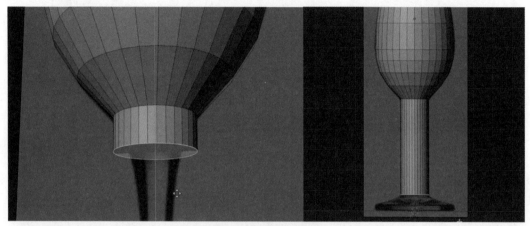

图3-11　"高脚"的挤出

② 挤出的"高脚"是一个侧面平直的圆柱体，可以使用组合键Ctrl+R插入多条循环边，并对循环边进行缩放，这与杯身的制作相似，由此制作"高脚"的轮廓形状，如图3-12所示。

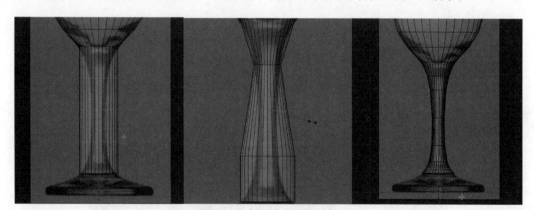

图3-12　"高脚"轮廓的制作

③ 选中"高脚"的底面，将其挤出合适的厚度，并依据参考图将其缩放至合适的大小，同时再次挤出一定的厚度，以完成杯底的基本结构，如图3-13所示。

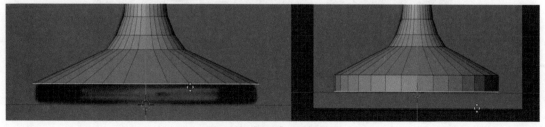

图3-13　"高脚"底面的挤出

④ 在此基础上使用插入循环边工具为"高脚"底面添加更多的细节，如图3-14所示。

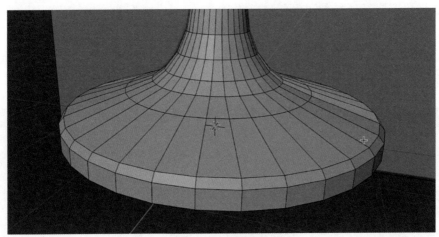

图3-14 添加细节

小贴士

使用挤出工具后，需要立刻对基础的结构进行移动、旋转或缩放操作，否则挤出操作就失去了意义，并且会在多边形模型上留下一个多余的结构，产生重合的面，给后续操作带来麻烦。解决挤出工具产生的多余结构的方法是使用"点"选择模式，先按A键全选，再按M键在弹出的列表中选择"按距离合并定点"。这时Blender会根据顶点之间的距离进行判断，间距小于阈值的点就会被自动合并。

（3）倒角工具

倒角工具能够将边线一分为二，产生出更平滑的转折过渡，倒角的组合键为Ctrl+B。使用倒角工具的同时滑动鼠标滚轮，可以添加倒角边的分段数。

2. 高脚玻璃杯内壁的制作

高脚玻璃杯内壁的制作是本案例的难点，可以使用线框显示或半透明显示的方式进行观察。

① 选中杯子的顶面，使用顶面挤出+缩放以完成杯口沿厚度的制作。再将杯子内壁进行挤出，以制作杯内壁的厚度，如图3-15所示。

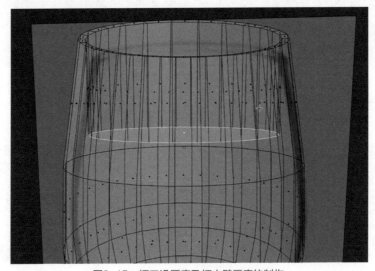

图3-15 杯口沿厚度及杯内壁厚度的制作

② 继续使用面的挤出+移动和缩放制作杯子内壁的轮廓，直到完成杯子内壁的底部，如图3-16所示。

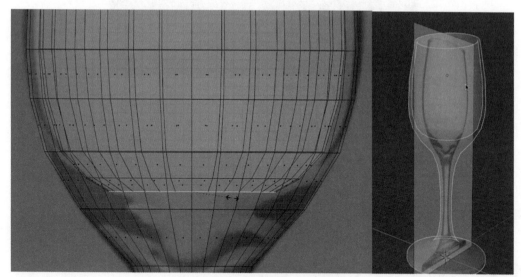

图3-16 完成杯子内壁底部的制作

3. 杯子的平滑

在"物体模式"下选中多边形对象，在"添加修改器"面板中添加"表面细分"修改器，同时单击鼠标右键，在弹出的快捷菜单中选择"平滑显示"选项，便可得到平滑的多边形模型，如图3-17所示。添加"表面细分"修改器的组合键为Ctrl+1，"1"代表表面细分的视图显示层级为1，若希望加大表面细分层级效果可在修改器属性下进行进一步的修改，或添加"表面细分"修改器时使用组合键Ctrl+2，即添加2级细分。通常情况下，表面细分的层级数量不宜过大，否则会严重影响计算机的硬件性能且效果不佳。

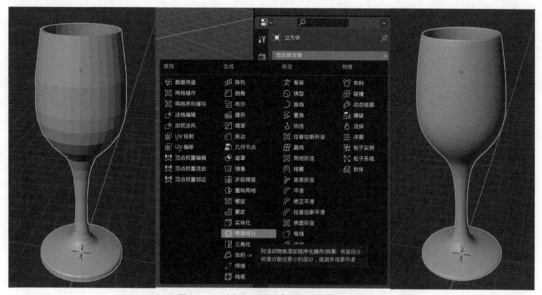

图3-17 为杯子添加"表面细分"修改器

多边形在"表面细分"的作用下会进行平滑计算。布线松散的折线会变得较为圆润，布线较密的折线则会显得较锐利。为了让杯子底座的边缘轮廓保持较锐利的效果，可以使用添加循环边工具给底座边缘增加一些循环边（见图3-18），这一技巧常被称为"卡线"。

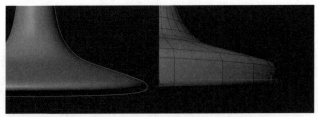

图3-18　杯子底座的卡线改变了平滑的效果

3.2.4　任务练习

（1）观看教学视频，复习3.2节的内容，完成高脚玻璃杯的多边形建模实践。

（2）熟练掌握下列知识点。

① 在"编辑模式"下进行点、线、面的选择，视角的灵活观察。

② 插入循环边、挤出、倒角3个多边形建模工具。

③ 模型平滑的原理和操作方法。

3.3　修改器建模实践

修改器是Blender集合的一些算法模块，它们能以自定义属性的方式添加到三维物体上，实现丰富的效果变换，与Adobe After Effects图层的效果控件类似。3.2节中介绍的"表面细分"就是Blender的一种修改器，此外，还有阵列、倒角、螺旋、布尔等常用修改器，在本节中将结合案例为大家详细介绍Blender的修改器。

3.3.1　倒角修改器

给一个立方体添加倒角修改器，作用效果如图3-19所示，调整"数量"可控制倒角边的宽度，"段数"可控制倒角边细分的数量。"轮廓"属性下的"形状"能够控制倒角生成的效果。

倒角修改器

小贴士

知识拓展

模型的平滑

平滑显示

模型合并与拆分

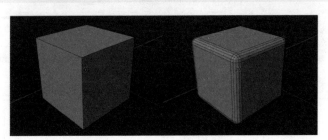

图3-19　"倒角"修改器的作用效果

倒角修改器的计算效果与模型本身的缩放数值有关，若一个物体在"属性"面板下的"缩放"比不为 $1:1:1$，则倒角修改器产生的效果也不均匀。可通过选中该物体后重置"缩放"数值来解决这一问题。

阵列修改器

3.3.2　阵列修改器

阵列修改器能够快速完成对单个模型带有移动、旋转等变换的复制，作用效果如图3-20所示，常用于制作有一定规律性重复的物体，如建筑、器皿、工业产品等。

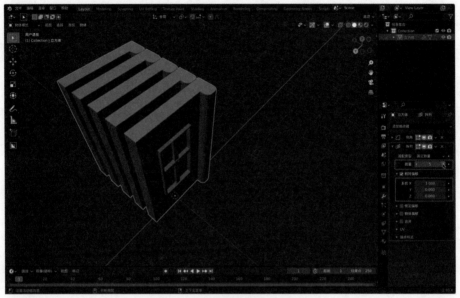

图3-20　阵列修改器的作用效果

阵列修改器的"数量"控制复制副本的数量，"相对偏移"选项区域中系数 X、Y、Z 改变的是每个副本的位移量。调整这两个选项的数值，可以快速地将一个建筑模型复制成一面完整的墙体或区域。同时，还可以进入"编辑模式"修改原始模型，这时通过"阵列"复制的副本也能够发生相应的改变。

"物体偏移"能够让"阵列"复制出的副本参考另一个物体的位置、旋转、缩放进行排列，进而实现更丰富的组合效果。可以新建一个空物体，作为墙体组建"阵列"修改器"物体偏移"的参照物。此时移动并旋转主物体，可以看到"陈列"复制出物体的变化，再将空物体旋转-30°，并将其移动到合适的位置，能够得到一面弯曲的墙，如图3-21所示。

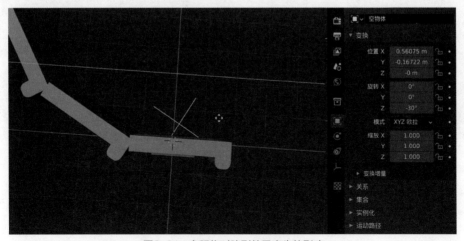

图3-21　参照物对阵列效果产生的影响

在此基础上复制12个副本，便可得到360°环绕式的一个圆形墙体。再次添加一个新的阵列修改器，以得到圆形墙体向上堆叠的效果。此时，需要将"相对位移"的Z轴数值设置成1，即可实现垂直方向的排列，如图3-22所示。

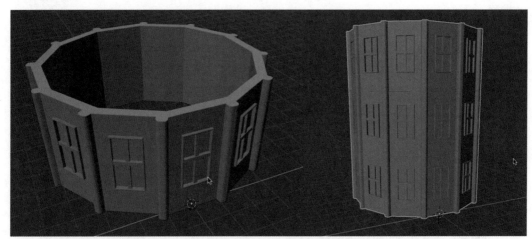

图3-22 二次使用"阵列"复制高楼

3.3.3 螺旋修改器

螺旋修改器可以将线或平面旋转而生成体积，在制作旋转楼梯、螺丝钉等有规律旋转的物体时较为常用。物体的旋转中心对螺旋修改器的作用效果有重要作用。可以勾选物体"活动工具"面板（图标为）下的"仅影响"右侧的"原点"复选项，如图3-23所示，打开移动工具对物体中心点的影响。

螺旋修改器

1. 面螺旋

将一个面沿Y轴旋转90°，并重置旋转变换。将面的中心点沿Y轴移动到面模型外的位置。添加螺旋修改器并按图3-24中的数值进行参数设置，该面便会以中心点为旋转中心创建出螺旋上升的面，效果如图3-24所示。

图3-23 勾选"原点"复选项

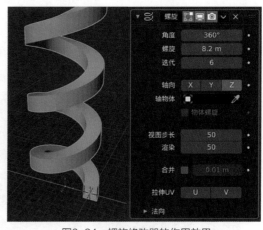

图3-24 螺旋修改器的作用效果

2. 线螺旋

将螺旋修改器作用于线条，能够快速创建出器皿的造型。这里将通过制作高脚玻璃杯的案例来讲解线螺旋的使用方法。

（1）创建一个平面，然后进入"编辑模式"，用点模式全选，再按M键将所有顶点合并到中心，最后得到一个干净的顶点。在"编辑模式"下左侧的工具栏中，单击"挤出"工具 的级联菜单，选择"挤出至光标"工具。此时按E键使用挤出工具可以快速让对象指向鼠标所在的位置。随后进入侧视图，选中顶点进行多次挤出，以绘制出高脚玻璃杯的截面轮廓，如图3-25所示。

（2）检查轮廓线的旋转中心是否在合适的位置。接着使用螺旋修改器以Z轴为旋转方向，便可依据轮廓线快速创建高脚玻璃杯，如图3-26所示。同时，也可以给物体添加表面细分修改器，得到更加平滑的模型效果。

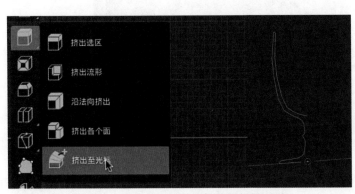
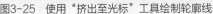

图3-25 使用"挤出至光标"工具绘制轮廓线　　　图3-26 由轮廓线旋转生成的高脚玻璃杯

3.3.4 布尔修改器

布尔运算是三维建模软件中较常用的造型算法，它能够快速实现几个多边形网格物体的合并、差值、交集效果，如图3-27所示。通常情况下，使用布尔修改器的模型需要有一定的面数细分，以达到理想的效果。

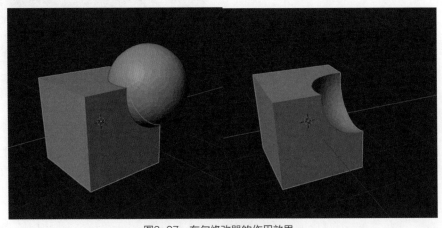

布尔修改器

图3-27 布尔修改器的作用效果

布尔修改器作用于模型后，由于两个模型的布线方式无法完美匹配，因此完成后的模型布线往往较乱。此时，使用"平滑着色"或添加"表面细分"修改器容易产生破面的情况，可选中切分段数较多的面进行内插面（快捷键I），并拖动鼠标，给分段较多的面添加一个内切结构，如图3-28所示。

小贴士

若想完美解决布尔运算后的布线问题，可以通过重构网格（Quad Remesher）插件进行解决，在第4章会为大家进行介绍。

图3-28　使用"内插面"工具生成的内切结构

3.3.5 修改器使用要点

1. 修改器的显示

Blender修改器右侧有多个层级显示按钮,如图3-29所示,依次分别为"编辑模式" ,决定该修改器是否会在物体的编辑模式下显示最终结果;"3D视图" ,决定修改器是否在3D视图下显示;"渲染" ,决定修改器是否会在最终渲染中显示。

图3-29　多个修改器的显示

2. 修改器的层级

修改器的产生作用有先后顺序,层级在上的修改器先产生作用,层级顺序不同,三维模型的最终效果也会不同。例如,在"倒角—细分—阵列"的顺序下,三维模型会先进行倒角计算,产生平滑的边缘折线,再依据倒角后的模型布线进行表面细分,产生平滑的效果。最后进行阵列复制。如果按"细分—倒角—阵列"的方式先进行表面细分,则物体会在倒角作用前产生较大幅度的平滑,之后再进行倒角运算。在平滑模型的基础上倒角往往不会产生太大的变化,因而产生的结果也会与第一种顺序有较大的不同。将鼠标悬停于每个修改器右边的滑块上方进行拖动,能够改变修改器的层级顺序。

3. 修改器的应用

单击"添加修改器"下拉菜单并选择应用,可将修改器运算的效果作用于三维模型。例如,在制作完高脚玻璃杯之后,如果想要用数字雕刻工具给杯身绘制一些浮雕效果,就可以添加一个2细分层级的"表面细分"修改器并应用,以此得到一个网格密度较高的三维模型作为雕刻的基础。

若要同时在三维模型上应用多个修改器,可以在首选项的插件设置里启用Modifier Tools插件。这样在修改器列表上就会出现"Apply All"按钮,可用于多个修改器的快速应用。同时还可以进行全部删除、全部隐藏、统一制订目标等快捷操作,如图3-30所示。

4. 修改器的复制

按中Shift键选中多个三维模型,使用组合键Ctrl+L,并选择"复制修改器",可将最后选中的模型修改器复制到其余的模型上。需要注意的是,使用这一方法复制的修改器仅是属性和数值上的复制,而数值上已有的关键帧动画信息并不会进行传递。

图3-30　修改器插件打开后的界面

3.3.6　任务练习

观看教学视频，复习3.3节的内容。

① 倒角修改器。

② 阵列修改器。

③ 螺旋修改器。

④ 布尔修改器。

3.4　曲线与多边形综合建模实践

3.4.1　执壶建模思路

本小节将用一只宋代执壶作为案例，综合介绍曲线和多边形建模的方法。在正式制作前，需要从全局的角度对目标模型的形体进行分析。

宋代执壶由壶身和套壶两部分组成，如图3-31所示。壶身的主体是一个葫芦形，可将其分解为一个外轮廓有凹凸变化的圆柱体。壶身上有3个额外的配件，即壶嘴、把手、壶盖。其中，壶嘴为细长的平口圆柱体，并且内部中空，可以流水；把手为连续弯曲的细长形体，横截面接近于圆角的长方形；壶盖类似蘑菇伞盖的形状，也可拆解为圆柱体，盖钮是细长的条状形体，两端固定于壶盖的表面。套壶是包裹壶身的碗状造型，是古人用来盛热水温酒的器皿。碗壁的形状略微复杂，呈花瓣状，并有细小的勒边结构。套壶的制作是本案例的难点。

图3-31　执壶

三维建模的思路拆解非常重要，应具有在脑海中构建出形体的全局意识，能够化繁为简，将复杂的造型拆解为多个简单的几何形体，同时也能够在拆解的过程中构造出大致的制作思路。

3.4.2 挤出工具拓展

本小节讲解的是"挤出"工具的拓展使用方法和葫芦形壶身大形的制作流程。

1. 两种思路

葫芦形的壶身可以通过两种方法实现：一种是类似于3.2节的方式，使用一个圆柱体进行挤出和循环边编辑来制作；另一种是使用3.3节中螺旋修改器的方式，通过一条轮廓线的旋转实现。这里，选择第二种方法并结合一些新功能制作壶身的内部结构。

挤出工具拓展

2. 轮廓螺旋

参考3.3节中介绍的思路，使用顶点"挤出至光标"工具绘制出壶身的轮廓。在绘制轮廓时，注意要在正交视图中进行，否则挤出的顶点不在同一个平面，导致在使用螺旋修改器时可能会产生错误的后果。将"螺旋"修改器的"视图步长"和"渲染"改为"16"，可以得到基础的壶身形体，然后添加"表面细分"修改器让模型变得更加平滑，如图3-32所示。

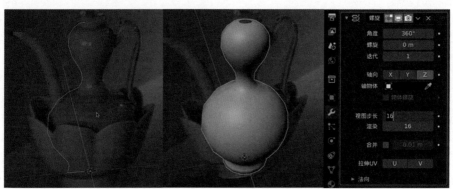

图3-32　壶身轮廓生成的形体

3. 沿法向挤出

上一步完成了葫芦形的壶身造型，但模型没有厚度。这里可以使用"沿法向挤出"工具完成壶身厚度的制作。"沿法向挤出"工具能够沿每个面的法线正方向进行挤出，快速给单面的壳增加厚度。可以在"编辑模式"下长按"挤出"工具图标按钮，并在右侧级联菜单中选择"沿法向挤出"选项，如图3-33所示。

图3-33　选择"沿法向挤出"选项

法线是指垂直于多边形面的线，法线向上为正方向，反之为负方向。通常"沿法向挤出"是指能够沿法线的正方向挤出。

4. 包含内部结构的轮廓线

在制作壶身的内部结构时，还可以使用轮廓线和"螺旋"修改器相结合的方式来完成。使用这种方法时需要参照3.3节的相关内容，用定点挤出的方式画出壶身的内外轮廓线，并保证旋转中心在轮廓线的合适位置。然后使用"螺旋"修改器得到壶身的立体效果，并添加"表面细分"修改器以得到平滑的结构，效果如图3-34所示。

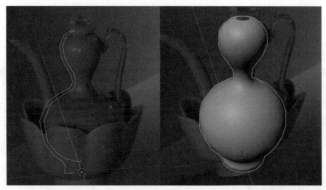

图3-34　包含内部结构的轮廓线及其旋转后生成的模型

3.4.3　衰减编辑

在进行多边形建模时，随着我们不断的操作，模型的点、线、面的数量会变得越来越多，造型也会变得越来越复杂。通过单独的点、线、面控制来改变物体的造型，效率较低，而"衰减编辑"则提供了一个平滑的软选择和柔性编辑方法。

在进行其他编辑操作前，按O键即可打开"衰减编辑"选项面板，同时滑动鼠标滚轮可调节"衰减编辑"的影响范围。在该面板下，可进行点、线、面的移动、旋转或缩放操作，即可实现柔性的编辑效果。

"衰减编辑"图标按钮位于"3D视图"的正上方，单击下拉列表即可看到不同的编辑模式，如图3-35所示。选择"仅相连项"选项，可让柔性编辑的范围从相连的物体开始计算。

衰减编辑

图3-35　"衰减编辑"菜单

选中壶身的轮廓线顶点，打开"衰减编辑"并调整其作用范围和影响模式，再对其进行移动，可以对壶身的曲线造型产生直观的影响。使用这种编辑方式，能够快速调整壶身的造型，创造出独特的视觉效果来，如图3-36所示。

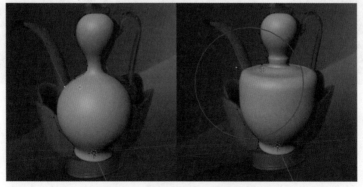

图3-36　"衰减编辑"对造型的改变

3.4.4　点、线、面编辑

1. 删除与融并

本小节将介绍点、线、面的添加和删除方法，主要是针对壶身轮廓线的细节进行编辑。通过对壶身的细节造型进行编辑，可以让我们深入理解三维模型中点、线、面密度对立体造型的影响，这是熟练掌握三维造型能力的关键。

点、线、面删除

选中模型上的顶点直接按X键进行删除，会删除顶点及其相连的线和面。对于壶身的轮廓线而言，删除了一个顶点的同时，会删除其上下两端相连的线段，以及在前面通过"螺旋"和"表面细分"修改器建立的立体造型，如图3-37所示。

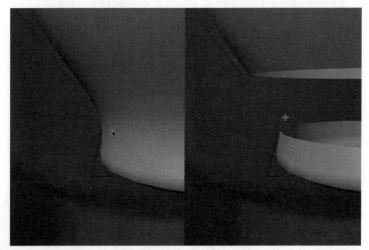

图3-37　直接删除顶点的效果

若想在删除顶点的同时保留线和面的结构，则需要先按X键，再选择"删除"菜单→"融并顶点"选项。"融并顶点"在对点、线、面起作用时，能够保留其相连的线和面结构，如图3-38所示。

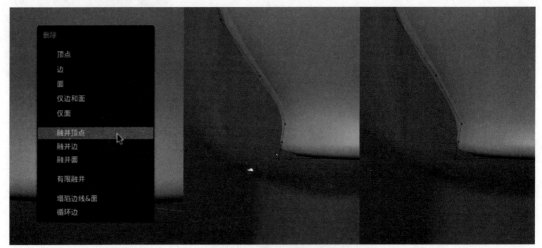

图3-38　融并顶点后的效果

2. 添加与细分

选中壶身底座轮廓处的两个顶点，单击鼠标右键，在弹出的快捷菜单中选择"细分"选项，可以在两个顶点之间添加一个新的点。此时，我们能够清晰地发现，壶身底座的转角变得更加锐利了，如图3-39所示。这是由于此处的顶点分布变得密集，相应地产生的"表面细分"计算也发生了变化。

小贴士

在此需要记忆模型的平滑规律，即布线密集的地方平滑计算的结果较硬（锐利），而布线稀疏的地方平滑计算的结果较软（平滑）。

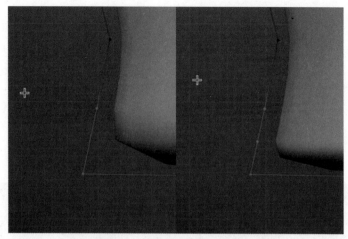

图3-39　添加新的顶点后的效果

3.4.5　曲线路径建模

不同于"网格"，"曲线"是Blender中三维物体的另一种类型，使用组合键Shift+A可以找到这种类型。本小节将首先使用一根"贝塞尔曲线"作为路径，再使用另一根"圆环"曲线作为截面来完成壶柄的制作。

曲线路径建模　　挤出与修饰

默认创建出的"贝塞尔曲线"只有两个顶点，可以通过点和手柄的移动、旋转来改变曲线的造型。增加顶点的方式有两种：一种是选中贝塞尔曲线的两个点，单击鼠标右键，在弹出的快捷菜单中选择"细分"选项，这种方法和多边形新增点的方式相同；另一种是选中贝塞尔曲线末端的顶点，按E键进行挤出，这样挤出的顶点会自动连接成新的线，运用这种方法时可以通过在末端新增点来延长曲线实现，也可以通过在线段中间创建分叉线的方法来实现。

在Blender右侧的"曲线属性"面板中，单击"倒角"下拉菜单下的"物体"按钮，用吸管拾取"圆环"曲线，便能够沿"贝塞尔曲线"挤出以"圆环"为截面的立体，如图3-40所示。

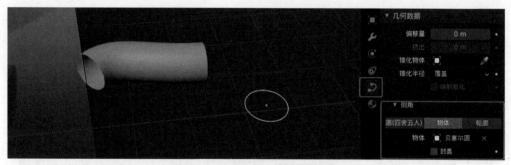

图3-40　沿"贝塞尔曲线"进行挤出

接下来即可通过编辑"贝塞尔曲线"的顶点来改变壶柄的形态，可以灵活地使用顶点的移动、挤出来实现想要的效果。选中顶点的同时按组合键Alt+S进行缩放，可以改变对应线段的粗细。编辑完"贝塞尔曲线"后便得到想要的手柄形状，还可以通过编辑"圆环"截面的形状来改变壶柄的整体造型。

小贴士

曲线路径建模的两个核心点：一是"贝塞尔曲线"控制路径的形态；二是通过"倒角"物体拾取的曲线形状来控制截面的形态。

3.4.6 重复与对称

下面要制作的是本案例的难点部分：套壶，其造型呈花瓣状，并有细小的勒边结构。乍一看好像能够将其拆分为一个圆柱体，但仔细观察发现，花瓣的造型不是简单的左右对称的。这里我们需要灵活使用修改器进行建模。

（1）需要完成的是单个花瓣造型的建模。可以创建一个面片，使用组合键Ctrl+R在居中的位置插入一条循环边，并删除另一半。然后使用"镜像"修改器完成左右对称的造型编辑，如图3-41所示。再通过"插入循环边"工具、点的移动来完成花瓣的轮廓。

重复与对称

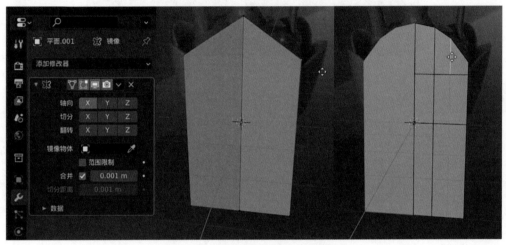

图3-41 "镜像"修改器的作用效果

小贴士

使用"镜像"修改器时，要注意物体的中心点最好在世界坐标的轴线上，这样能够保证创建出来的镜像与原物体实现边界对齐。

（2）使用"阵列"修改器将花瓣造型复制6个，以形成连续的起伏造型。选择"添加修改器"下拉菜单中"变形"→"曲线"选项，对"阵列"修改器的结果进行曲线变形处理。在"曲线"变形器的"物体"中拾取一个"圆环"曲线作为变形路径，再将这个路径进行缩放，即可使花瓣绕着曲线进行排列，如图3-42所示。通过按Shift键进行精细化缩放，让7个花瓣的首尾连接在一起，以形成一个闭环的造型。

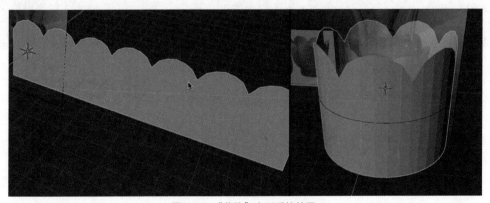

图3-42 "曲线"变形后的效果

　　此时，右侧的"修改器属性"面板下已经有了3个修改器层级，如图3-43所示，但实际上产生作用的网格物体仅是半个花瓣，可按Tab键进入"编辑模式"对花瓣进行点、线、面的编辑，就能快速改变最终的造型效果。

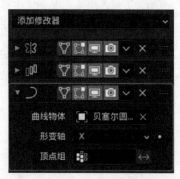

图3-43　修改器的层级

小贴士

　　进行到这一步时，需要根据建模预览的需要，选择各修改器在不同模式下的选项来观察对应的效果。

　　（3）制作花瓣上的勒边结构时，可以使用"切割"工具来创建新的线。按K键可以激活"切割"工具，并拖动鼠标进行自定义的线条创建。然后，通过移动创建出来的线条制作花瓣上的小结构，如图3-44所示。所有的操作过程都可以借助上述3个修改器的计算看到对套壶造型的最终作用效果。

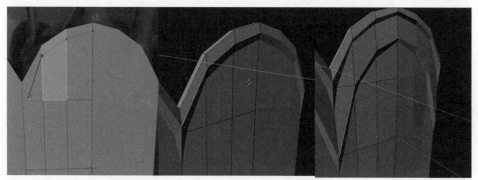

图3-44　使用"切割"工具创建小结构

　　（4）在套壶花瓣造型大致完成后，即可应用所有的修改器，让计算结果成为一个确定的多边形网格，以便进行整体编辑。同时，可再次添加"表面细分"修改器查看平滑后的最终效果，如图3-45所示。

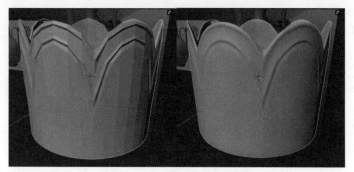

图3-45　套壶造型的平滑处理

（5）后续的制作方法就比较直观了，可以参考高脚玻璃杯的制作方法对套壶的内外轮廓进行编辑，套壶的最终效果如图3-46所示。

图3-46　套壶的最终效果

3.4.7 任务练习

（1）观看教学视频，复习3.4节中的知识点，完成套壶的建模实践。

（2）熟练掌握下列知识点。

① 对复杂物体的立体拆解思维。

② 轮廓线结合螺旋修改器创建器皿的建模方法。

③ "衰减编辑"的常用方法。

④ 融并顶点、添加顶点。

⑤ 沿法向挤出制作造型。

⑥ 镜像、阵列修改器和曲线路径建模的联合使用方法。

3.5 本章总结

三维建模看似是一连串操作和工具的叠加，但其思维方式则是让枯燥的操作方法变成艺术创作的核心。这种思维方式可总结为以下4个层次。

1. 拆解

要有敏锐的观察力，能够把生活中常见的事物拆解成几何物体，能从轮廓线、结构线的方式理解物体的形体和剖面。

2. 对应

熟练掌握三维建模工具的使用，能够把在现实中的观察和思考与三维建模工具的具体功能相对应。

3. 转化

借助三维建模工具将脑海中的想法表达出来，把想法转化成三维虚拟世界中的点、线、面。

4. 习惯

不断缩小所想与所得之间的距离，持续提高效率，达到眼、脑、手高度一致，形成强大的肌肉记忆，提高创作的综合素养。

数字雕刻

  Blender 的"雕刻模式"类似于"编辑模式"，都是改变模型造型的模块功能。但"雕刻模式"使用的是不同的思维方式和工作流程，不是单一地处理单个的点、线、面元素，而是用数字雕刻笔刷改变模型的一块区域，根据笔刷的位置自动选择顶点并进行相应的修改。通过数字雕刻的方式，一个球能够变成一个人，一个正方体能够变成一头石狮子或一条龙。

  本章将系统地介绍 Blender 数字雕刻的基础知识，巩固并应用之前学到的修改器建模方法，接触重构网格和动态拓扑等操作。同时本章将通过一些案例为大家讲解 Blender 软件的数字雕刻工具，梳理操作步骤并介绍常用功能的快捷键。

- **学习目标**

  1. 掌握 Blender 数字雕刻建模的基本流程，理解各阶段对技术工具的使用要点，达到熟练的工作技能。

  2. 对数字雕刻工具建立全面的认识，努力掌握数字雕刻工具与造型编辑效果的对应关系，并熟练记忆。

  3. 掌握雕刻类、移动类、辅助类等工具的使用方法。

  4. 深入理解拓扑结构的意义，理解布线对三维建模细节表现的意义。

  5. 掌握常用的重构网格工具，理解高模与低模的应用场景。

  6. 灵活运用本章的知识，完成立体造型的设计与制作。

✏️ **逻辑框架**

数字建模的过程与三维建模类似，也可将其拆解为 3 部分，如图 4-1 所示，这样便于理解。

对应：把自己脑海中的想法和构思与数字雕刻工具进行对应。

起稿：用快速的方法构建出造型的整体外形与比例。

雕刻：使用笔刷工具、重构网格工具反复细化制作。

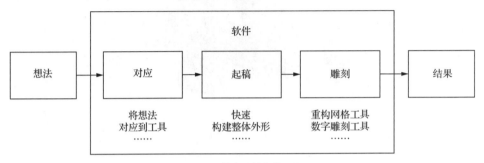

图4-1　数字雕刻思维导图

4.1 数字雕刻流程实例分析

本节中将为第3章中的套壶制作一个小狮子造型的盖钮，通过这个案例来介绍数字雕刻的基础工具和基本制作流程。这部分具体可分为制作草稿、重构网格、镜像雕刻、动态拓扑和深入雕刻共5部分。

  制作草稿

在进行数字雕刻前，可以使用多边形建模的方式来进行草稿的制作，当然也可以直接使用简单的多边形物体直接进行雕刻，这取决于个人的操作习惯。在这里，先介绍使用多边形建模的方式来制作草稿，再细致、深入地雕刻形体，同时也复习第3章学到的多边形建模工具。

制作草稿

1. 头部起稿

（1）创建小狮子的头部。快速新建一个正方体，作为搭建草稿的基本形体，如图4-2所示。然后将正方体沿Z轴正方向移动，使其底部与X轴对齐（组合键G+Z），方便后续操作。

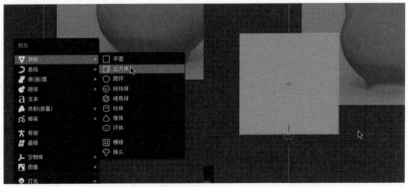

图4-2　新建一个正方体

（2）给这个正方体添加一个表面细分修改器，可以让正方体变得圆润，以作为狮子的脑袋。将表面细分修改器中的"视图层级"选为"1"（组合键Ctrl+1），可快速为它创建一个1级细分，如图4-3所示。

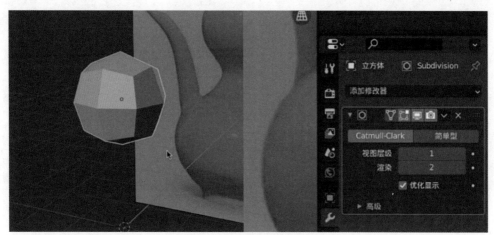

图4-3　添加表面细分修改器

2. 身体

（1）创建小狮子的身体和四肢

首先将小狮子的头部复制1份（组合键Shift+D），将其沿Z轴负方向移动，作为小狮子的身体，并按照1∶2的头身比例拉长（组合键S+Z）。放大后的身体底部要压平，按Tab键进入"编辑模式"，在"面"选择中选中最底下的4个面，使用组合键S+Z+0就得到了扁平的身体底部，如图4-4所示。

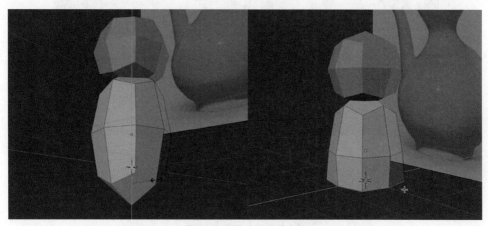

图4-4　制作小狮子的身体

小贴士

注意，在进入"编辑模式"之前，可以先应用身体的"表面细分"修改器，以得到更多的面，否则进入面选择时形体仍然为正方体。

（2）进行一些细微的调整

由图4-5左可知，小狮子是蹲坐的姿势，由于身体下部要略大一些，因此，可以选中底部的面将其放大，让整个身体呈现从上往下逐渐变宽的形状，并把底部的面在Z轴垂直方向的位置进行微调，与XOY平面对齐，方便后续操作。继续将头身的姿态进行微调，以达到合适的动态效果（见图4-5右）。这些微调操作都是为了使作品更美观、更合理，是草稿阶段需要解决的主要问题。

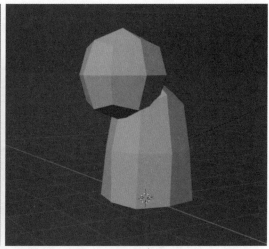

图4-5　微调

3. 四肢

（1）复制1份小狮子的头部模型，将其压缩成细长的形状，并将其胳膊放置到合适的位置（见图4-6）。胳膊的末端过于锐利，可以进入"编辑模式"并选择尖端的顶点进行调整。再打开"衰减编辑"（快捷键O）对胳膊的姿态造型进行柔性调整，让基本结构更加合理（见图4-7）。

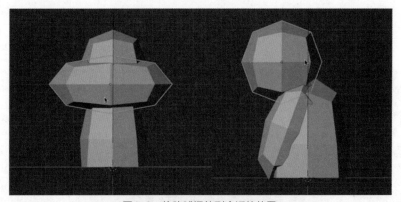

图4-6　将胳膊摆放到合适的位置

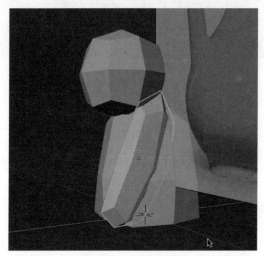

图4-7　胳膊的微调

（2）同理，进行腿部的摆放与调整。复制、粘贴头部的模型并将其摆放到腿部合适的位置，然后通过移动工具、缩放工具、"编辑模式"等进行调整。因为小狮子是蹲坐的姿势，所以要把底部的几个面压扁，然后通过移动工具使其与底部对齐（见图4-8）。

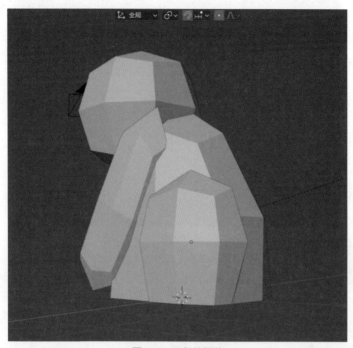

图4-8　腿部的摆放

（3）使用镜像修改器将四肢补全。需要再次强调，镜像修改器是根据物体的原点或几何中心进行镜像的，因此首先要将物体的几何中心转换到3D光标，也就是世界坐标中心的位置，然后使用镜像修改器得到胳膊与腿部的镜像（见图4-9）。

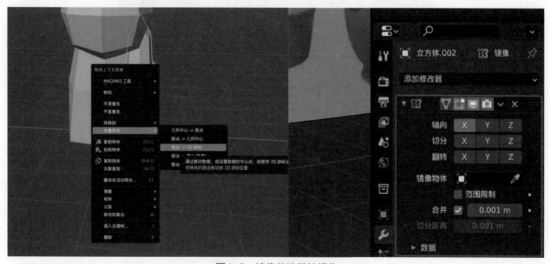

图4-9　镜像修改器的操作

（4）把所有身体部件的修改器都进行应用，再合并成同一个物体（组合键Ctrl+J），完成身体的草稿制作（见图4-10）。草稿阶段是利用多边形建模方式完成的，这样的方式对于数字雕刻的初学者较为直观，也能够将复杂的形体拆解成简单的几何体，以此对整体造型建立更加全面和清晰的认识。

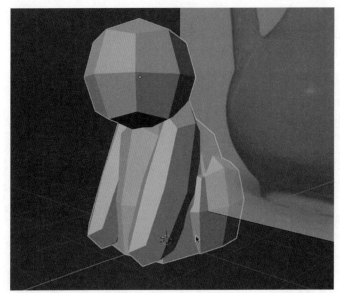

图4-10　合并模型，完成草稿

4.1.2　重构网格

　　虽然已经合并了小狮子身体的所有部分，但打开编辑模式时，还是会发现这些模型其实还是分开的、各自独立的，每个模型的面都没有合并到一起，这样的结果不利于后续开展数字雕刻工作（见图4-11）。本小节将介绍"重构网格"这一重要概念。

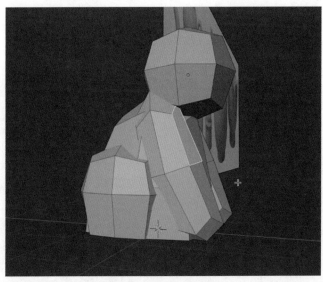

图4-11　重构网格之前

1. 拓扑

　　拓扑（Topology）是三维建模中的重要概念，是指多边形网格的点、线、面的布局与连接情况，也是我们常说的"布线"。拓扑直接影响了三维模型的质量，点、线、面排布的合理性直接影响着数字雕刻细节刻画、UV编辑、绑定与动画等环节的效果。拓扑的概念看似简单，但想要完整地理解拓扑在三维模型中的意义与应用，则需要掌握三维建模全流程的知识。这里，先通过一个简单的案例进行介绍。

在图4-12（a）中，有大小完全相同而拓扑不同的两个三维球体，左侧是多棱角布线、右侧是经纬式布线。关闭线框显示后，两个球在视觉上没有区别。但若进入数字雕刻模式，使用笔刷工具进行雕刻，则两个拓扑会呈现明显的差异，如图4-12（b）所示。棱角球的点、线、面布局较为均匀，雕刻笔刷的作用结果则会比较平滑，而经纬式布线球由于顶部交错的线条较密，使用雕刻笔刷后会出现明显的褶皱。

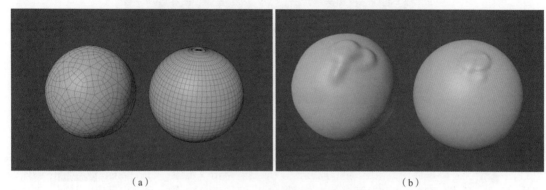

（a）　　　　　　　　　　　　　　　（b）

图4-12　拓扑结构不同的两个球体

2. 重构网格的两种方法

在数字雕刻过程中，均匀的拓扑是保证工作有效进行的重要条件。在造型制作过程中，经常会在添加或删减结构时遇到网格锯齿、破面等问题，需要使用"重构网格"的方法来解决。

（1）使用"重构网格"修改器

给合并后的小狮子添加"重构网格"修改器后可以看到，模型的拓扑结构发生了明显的变换。在形体范围内，修改器生成了均匀的网格，产生了更多能够使用的点、线、面（见图4-13）。"重构网格"修改器中的"体素大小"参数影响生成网格的密度，数值越小，拓扑结构越密。调整好该参数之后，可将修改器进行应用，随后便可继续在"雕刻模式"下做进一步雕刻。

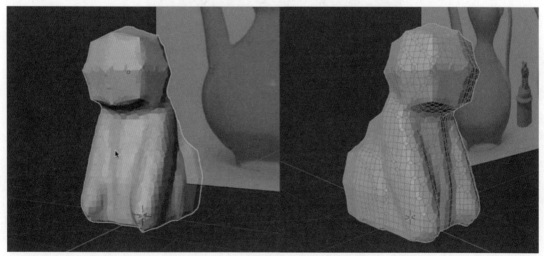

图4-13　使用"重构网格"修改器前后效果对比

（2）雕刻模式下的"重构网格"

单击"3D视图"上方的"Sculpting"面板，即可进入"雕刻模式"。在"雕刻模式"的工具栏上也有一个"重构网格"的下拉按钮（见图4-14），在该选项面板中包含"体素大小"等的属性设置，其效果和"重构网格"修改器基本一致。不同的是，可以在此使用组合键Shift+R并拖动鼠标来定义网格的密度，然后使用组合键Ctrl+R进行快速应用。当然，这一操作的前提是关闭"动态拓扑"功能，相关原因本书将在后面的4.1.4小节进行详细说明。

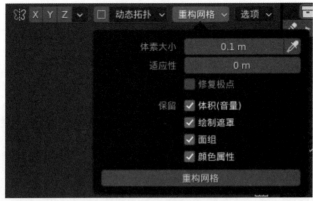

图4-14 雕刻模式下的"重构网格"

4.1.3 镜像雕刻

大多数情况下都是使用镜像雕刻的方法来完成雕刻。单击"镜像"的下拉按钮，选择镜像轴（见图4-15）。这样在雕刻左侧或者右侧模型时，轴对应的另一侧也会做出相应的改变。注意，大多数情况下，雕刻模式的镜像都是以世界坐标原点作为参考，因此最好将模型的中心放置在世界坐标的中心，以免出错。在"镜像"面板中，单击"方向"右侧的下拉按钮，选择起始方向和目标方向，它的功能是将坐标一侧的效果复制到另一侧，将模型进行重建。这一功能常用于修复镜像雕刻过程中出现的错误，或者修复模型另一半不对称的问题。

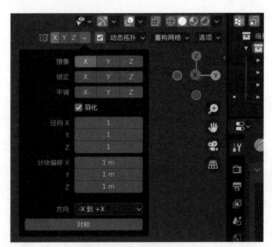

图4-15 打开镜像面板

4.1.4 动态拓扑

动态拓扑是Blender数字雕刻中非常强大的一个功能，它能够按照数值的设置，在雕刻过程中自动为模型添加一定的网格细分。图4-16（左）是未打开"动态拓扑"时雕刻的效果，图4-16（右）是打开"动态拓扑"时雕刻的效果。可以明显地看到，打开动态拓扑时，模型的面数会根据笔刷画过的范围来进行自动细分，以增加模型的细节度，进而让细节雕刻获得更高的精度。这一功能通常运用于毛发肌理、皮肤肌理、鳞片肌理等细节效果的雕刻。

在"动态拓扑"选项面板中可以注意到它的模式，包括"改进方法"和"细节"选项（见图4-17）。通常情况下，使用的都是"恒定细节"模式。"分辨率"的设置会根据场景和模型的不同进行灵活调整。可以使用吸管工具在雕刻物体上单击，即可获得一个当前网格分辨率的数值，然后将其调整为原数值的2倍或3倍，以获得更好的细节度。

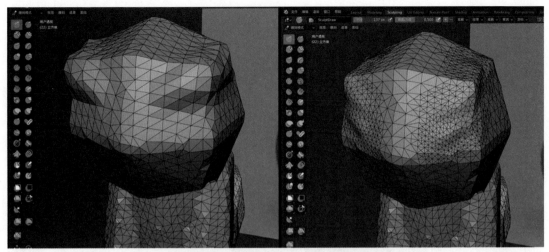

图4-16　未打开（左）和打开（右）"动态拓扑"时的效果对比

图4-17　"动态拓扑"的各种选项

4.1.5　深入雕刻

完成前面的内容后便是深入雕刻的工作。"雕刻模式"下的面板左侧是笔刷工具栏，雕刻笔刷的类型较多，在本书的后续内容中，将通过案例实战进行讲解。"雕刻模式"下"3D视图"的上方是当前选中笔刷的详细属性，能够看到所用笔刷的半径、强度等数值。切换到右侧属性栏的工具设置面板，可以看到当前选中笔刷的更详细的参数设置。此时，可以接上数位板，使用压杆笔进行数字雕刻。

数字雕刻基础

1. 自由绘制凹凸

首先，体验一下Blender数字雕刻最基本的笔刷——"自由线"，即左侧工具栏左上角的第一个按钮。按下F键并拖动鼠标，可以调整笔刷的半径；按下组合键Shift+F并拖动鼠标，可调整笔刷的强度。打开"动态拓扑"之后，随后勾画出小狮子的眼窝和鼻子来（见图4-18）。

注意，使用鼠标单击或数位板压杆笔绘制时，模型会有凸出的效果；若按住Ctrl键后，使用鼠标单击或数位板压杆笔绘制模型时就会产生凹陷的效果。

2. 移动与平滑调整造型

（1）移动笔刷

可以通过移动不同类型的笔刷来调整造型，主要使用的笔刷包括"抓起"和"弹性形变"。这两种笔刷都可以用画笔自动选择模型上的顶点，然后通过绘制的方式进行移动，进而对三维模型进行整体改动。二者的区别在于，"抓起"对结构的移动结果较硬，而"弹性形变"对结构的影响较柔，具有一定的动态衰减性。

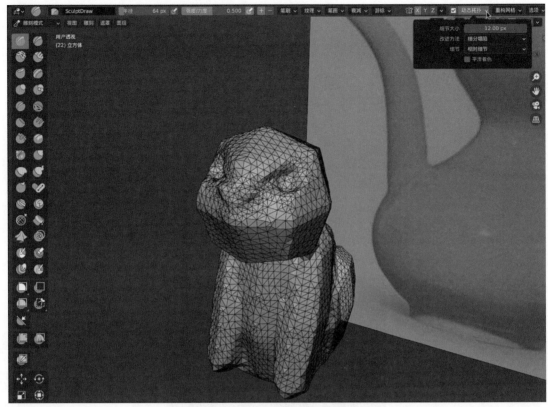

图4-18　勾画出小狮子的眼窝和鼻子

　　大家可根据自己对造型的理解在调整造型的过程中自由发挥，值得注意的是，需要多旋转视角，从各个角度对模型进行观察，并结合放大、缩小视角去调整造型。比如，从侧面观察时，小狮子有些驼背，可以用"弹性形变"笔刷整体调整其背部；爪子部位比较生硬，可以用"抓起"笔刷调整出一个爪子的形状（见图4-19）。大家可以结合教学视频仔细观看具体的操作演示过程。

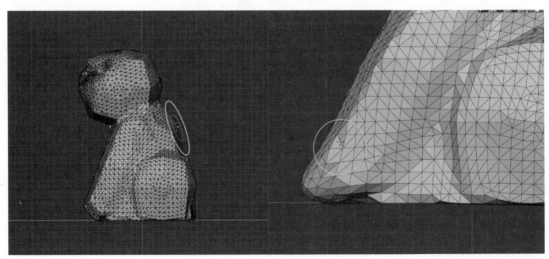

图4-19　调整造型

（2）平滑笔刷

　　使用任意雕刻笔刷的同时，按住Shift键，可以快速切换至"平滑"笔刷。"平滑"笔刷所到之处，模型会变得更加平滑（见图4-20）。在工具栏中，"平滑"笔刷对应的是一个红色的按钮 ，但在雕刻过程中，并不用每次都需要通过单击"平滑"笔刷按钮来进行切换，而是可以通过按Shift键来进行操作，以提高制作效率。

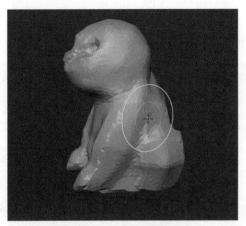

图4-20　模型的平滑

小贴士

　　至此，我们能够发现一些 Blender 笔刷的分类规律。蓝色的画笔按钮对应的笔刷能够通过绘制来较大地改变模型表面的结构；红色的画笔按钮对应的笔刷则通过绘制来改变模型表面的细节表现；黄色的画笔按钮对应的笔刷则是在点的移动方面对模型进行改变。

（3）笔刷的快捷切换

在任意画笔按钮上单击鼠标右键，在弹出的快捷菜单中选择"制定快捷键"选项便可以设置该画笔的快捷键。通常情况下，可以给常用的几种笔刷设置数字快捷键，以提升雕刻过程中工具切换的效率。再次单击鼠标右键时，也可以在弹出的快捷菜单中选择"移除快捷键"选项来移除该画笔的快捷键。设置完成后，可选择"文件"→"默认"→"保存启动文件"来保存设置的快捷键。

3. 制作更立体的结构：耳朵、头发和嘴巴

（1）"蛇形钩"笔刷

耳朵是狮子头部较为立体的结构，可以使用"蛇形钩" 笔刷来制作。顾名思义，"蛇形钩"能够随着画笔绘制拉出蛇形的细长结构，如果同时打开了"动态拓扑"，那么拉出的蛇形钩结构上也会分布均匀的网格结构，为制作耳朵、角、牙齿等凸出结构较大的造型提供了便利（见图4-21）。

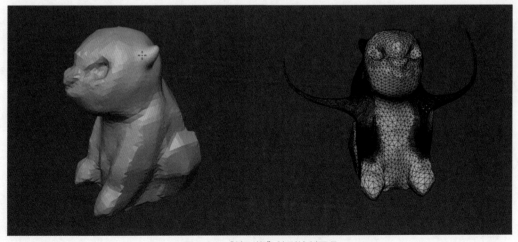

图4-21　"蛇形钩"笔刷绘制耳朵

（2）"黏条"笔刷

在绘制头发和嘴巴的结构时，使用的是"黏条" 📎 笔刷。它与"自由线"类似，都是在模型表面添加凸起或凹陷式的画笔。不同的是，其绘制出的线条较方、较锐利，但顶部也是平整的形态。比较适用于刻画头发的雕刻结构和嘴部较硬的凹陷转折（见图4-22）。"黏条"笔刷也适用于初步雕刻时创建较为硬朗的结构与转折。

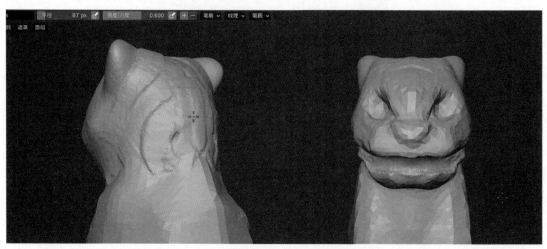

图4-22　运用"黏条"笔刷勾勒头发和嘴巴

4．头部雕刻细化

前面雕刻出了小狮子的眼窝、鼻子、耳朵、头发和嘴巴的大体造型。下面要做的就是把模型的头部根据参考图进行更加细致的调整。雕刻细化时的思维和执行过程可分为看、想、试。看，就是仔细观察参考图，捕捉精准的视觉状态；想，就是思考要用什么笔刷做出怎样的调整；试，就是快速进行实践。在这个过程中，可能存在选择的笔刷在操作下达不到自己心里所想效果的情况，这时就需要进行其他的尝试。随着这些过程的不断重复，在雕刻时也会增长更多的实操经验，从而获得更精准的效果。

比如，注意到参考图中小狮子的眼睛其实是一条缝，并不是一个很深的眼窝，那么就可以用平滑工具来调整眼部；再如，我们发现耳朵的位置是在头部靠中间的 位置，所以也要对耳朵的位置做一些调整（见图4-23）。除此以外，也需要整体考虑脸部的胖瘦、圆润程度等，并使用相应的工具继续做出调整。

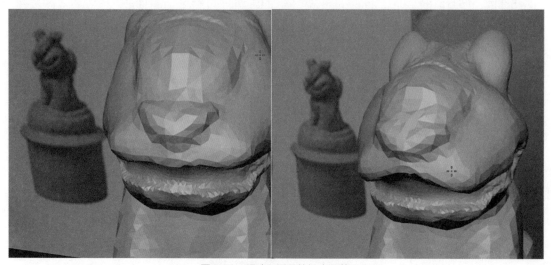

图4-23　眼睛和耳朵的初步调整

相比于参考图，小狮子的嘴巴也不是张开较大的状态，当前模型的嘴巴是使用"黏条"工具向下刻画的凹陷而导致嘴巴看起来张开较大。可以使用"夹捏" 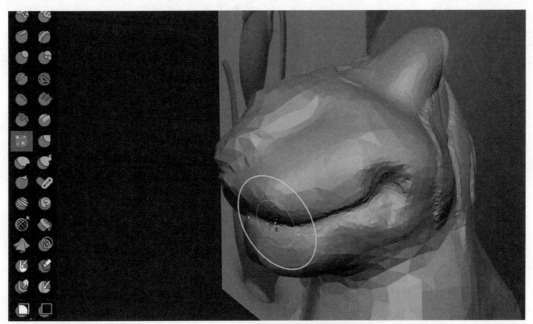笔刷来调整，它能够抓取任意一道沟壑两边的顶点，并把它们向中间挤压。多次使用"夹捏"笔刷绘制后，能够得到一个闭合得更紧密的嘴巴（见图4-24）。

图4-24　运用"夹捏"笔刷调整嘴巴

眼睛的缝隙不明显，可以使用"自由线"笔刷来刻画圆润的凹陷，再使用"夹捏"笔刷来闭合缝隙。同样，还可以使用"折痕"笔刷来达到相似的效果，它类似于"自由线"与"夹捏"的叠加效果，这个笔刷同样较为常用。眼睛的缝隙效果是一个细长的线条结构，此时，还可以通过勾选"笔画"面板中的"笔画防抖"复选项并将"半径"加大，从而去除数位板在绘制长线条时产生的抖动（见图4-25）。

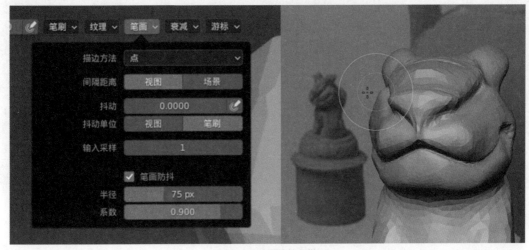

图4-25　眼睛的勾勒

接下来刻画小狮子脑袋后面的发卷效果。在这里，直接拖动"蛇形钩"笔刷进行绘制，得到自然的卷曲和凸起效果。同时，可以使用"膨胀"笔刷给发卷的末端"充气"，让其变得更加圆润（见图4-26）。

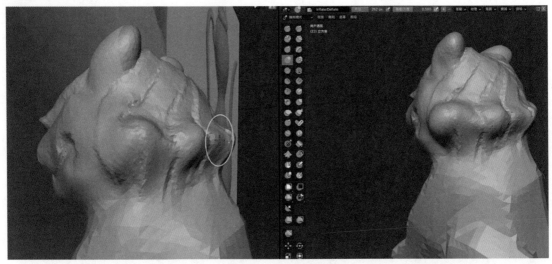

图4-26　狮子发卷雕刻

通过上述步骤的介绍不难发现，数字雕刻的建模过程是将立体造型的表现分解到雕刻工具并完成表现的过程。读者应通过看、想、试这3个步骤的循环操作，不断加强自己对立体造型设计的理解，并形成肌肉记忆，最终沉淀为数字艺术的表现力。

5. 身体的调整

调整身体部分时要抓住四肢与躯干的分界线，以及整体的比例关系。可以综合使用"自由线""折痕""抓取""弹性形变"笔刷来刻画身体各部分的结构关系，让前肢、颈背、后腿都呈现清晰而准确的结构，再结合"平滑"笔刷去除较硬的结构。在勾勒小狮子的手掌、脚掌的结构时，可以使用"蛇形钩"笔刷和"黏条"笔刷，再配合"平滑"工具，雕刻连接在四肢的凸起结构（见图4-27）。

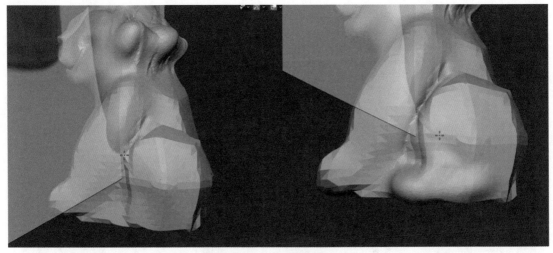

图4-27　身体的调整

6. 添加物体：盖钮底座、爪子、尾巴

针对盖钮底座、爪子、尾巴这些部分，可以使用第3章中所学习的多边形建模工具来完成，因为它们都是关系独立、造型简洁的物体。

（1）制作盖钮底座

① 新建一个不需要有太多细分的圆柱体。创建完圆柱体后，选择"3D视图"左下角的"添加柱

体",可以在下拉面板中修改顶点数以降低圆柱侧面的分段。然后调整圆柱体的大小,把小狮子上移到合适的位置(见图4-28)。

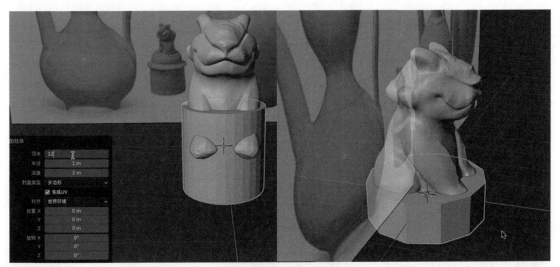

图4-28 新建圆柱体底座

小贴士

  Blender 中创建出的几何体在未弃选时,都可以在"3D 视图"左下角的菜单中对其结构和比例关系进行设置。

  ② 多边形建模流程。选中盖钮顶端的循环边,为其添加一个倒角,并选中下侧的循环面挤出一个盖钮边缘的厚度。最后给其增加2级表面细分,如此便完成了平滑的底座造型(见图4-29)。

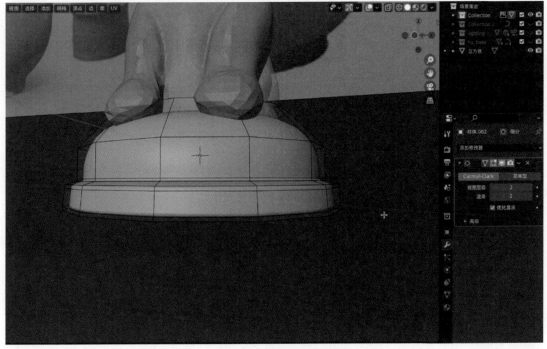

图4-29 盖钮底座成型

（2）制作爪子

制作小狮子的爪子时，可以直接新建一个正方体，然后使用组合键Ctrl+2快速给模型添加2级细分，再将其拉长。在线框模式下，选中爪子中间的循环边，同时打开软选择（快捷键O）并向上移动，调出比较自然的弯曲。再将它缩小，并摆放到合适的位置，使用组合键Shift+D复制并移动多个爪子，摆放出完整的手掌。完成后，可将一只手掌上的爪子都选中，并使用组合键Ctrl+J将几个模型合并在一起，然后添加一个"镜像"修改器，制作出对称的另一侧效果。如果爪子没有镜像到合适的位置，记得选中模型后使用组合键Ctrl+A并应用所有的移动、旋转和缩放变换就可以完成制作（见图4-30）。最后，使用同样的方法完成脚掌的制作。

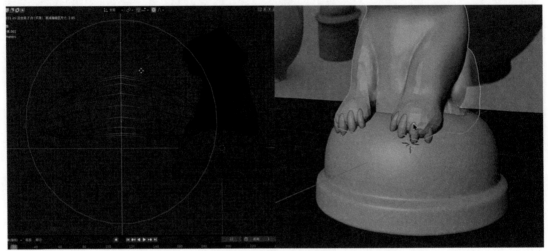

图4-30　完成爪子制作

（3）制作尾巴

尾巴是细长而有规律的造型，使用雕刻工具完成的难度较大，即使是"蛇形钩"也难以实现较好的效果。因此，使用类似第3章中制作套壶把手的方法用贝塞尔曲线来完成。创建一条弯度合适的曲线，并打开倒角、封盖，便可以快速完成这个造型。调整曲线的顶点，让其弯曲程度符合身体的造型需求。然后将曲线转化为多边形，并添加细分，便完成了尾巴的制作（见图4-31）。

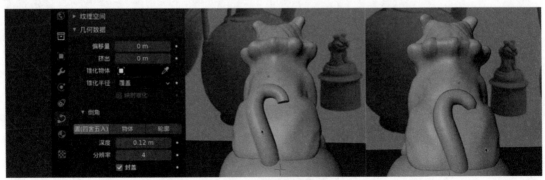

图4-31　尾巴的制作

至此，小狮子盖钮的制作基本完成（见图4-32），剩下的工作是从各个角度观察模型，并对其进行一些更加细致的修饰，让模型更自然、光滑。也可以将身体主体、盖钮底座、爪子、尾巴进行合并后，使用"重构网格"将其合并成一体化的造型，再进行深入的雕刻。但本小节的重点是介绍数字雕刻的基本流程，因此就不进一步深入了。

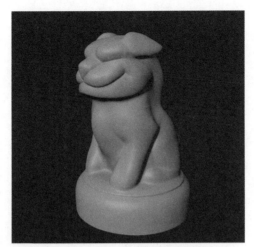

图4-32　小狮子盖钮模型的最终效果

4.2 数字雕刻工具详解

通过小狮子盖钮案例的制作，我们可以体会到数字雕刻笔刷功能和效果的多变性，以及它们作为数字雕刻核心功能的重要意义。本节将对笔刷工具进行系统的梳理，以帮助读者更全面地理解这些工具的应用场景。

4.2.1 雕刻类工具

蓝色和红色的笔刷工具为雕刻类工具，如图4-33所示，它们的作用是通过增减多边形、凸凹造型的方式来改变三维结构。下面将进行这类笔刷的详细介绍。

（1）自由线：基础画笔，根据画笔绘制中包含顶点的平均法线向内或向外移动顶点。

（2）显示锐边：与自由线笔刷类似，使网格偏离原始坐标，并进行锐边衰减。

（3）黏塑：类似于自由线笔刷，但是包括用于调整笔刷作用的平面的设置，可以在模型表面增加自然的凸起或凹陷。

（4）黏条：类似于黏塑笔刷，但是黏塑笔刷使用球形来定义笔刷的影响范围，黏条笔刷则使用立方体来定义笔刷的影响范围。

（5）指推：模拟手指在黏土中推移的效果来移动模型上的顶点。

（6）层次：通过将所有顶点移动到精确的高度，创建一个平坦的图层。

（7）膨胀：将笔刷影响范围内的部分沿法线方向上移，造成膨胀的效果。

（8）球体：将笔刷影响范围内的顶点汇聚成球状。

（9）折痕：能够刻画出较锐利的折痕，是制作细致结构时常用的工具。

（10）光滑：通过平滑顶点的位置来消除画笔影响范围内网格区域的不规则性。

（11）平化：快速将笔刷区域内高低不平的顶点拉平到平均值，形成一个新的平面。

图4-33　雕刻类工具

（12）填充：与平化笔刷相似，但是只将在笔画平面下的顶点往上带。

（13）刮削：与平化笔刷相似，但是只能将平面上方的顶点向下推。

（14）多平面刮削：在多边形上制造两个斜面，并产生较为锋利的边脊。

4.2.2　移动类工具

黄色图标的笔刷工具是通过拖曳顶点而非绘制的方式来改变模型结构的，将它们定义为移动类工具，如图4-34所示。下面进行这类工具的详细介绍。

图4-34　移动类工具

（1）夹捏：将顶点拉向笔刷的中心，消除沟壑的间隙。

（2）抓起：可以让顶点在笔刷的半径内移动。

（3）弹性变形：柔软的形变工具。

（4）蛇形钩：拉动顶点让其跟随笔刷的运动，从而形成长而弯曲的蛇形。

（5）拇指：与指推笔刷相似，区别是拇指的影响范围更大。

（6）姿态：在笔刷范围内自动生成旋转轴，可以快速对模型进行姿态调整，放大、缩小笔刷并进行移动来寻找最合适的旋转轴。

（7）推移：往笔刷方向移动顶点。

（8）旋转：沿光标移动的方向旋转画笔内的顶点。

（9）滑动松弛（拓扑）：该笔刷可以在不改变几何形状的前提下滑动多边形网格。

4.2.3　辅助类工具

剩下未介绍的笔刷工具将其归为辅助类工具，用于更复杂的网格雕刻情景。下面将重点围绕"遮罩"笔刷的使用进行介绍。

"遮罩"笔刷 能够通过绘制的方式给模型表面添加遮罩，遮住的部分不再受到其他笔刷的影响。这一功能的巧妙运用能够大幅度提升数字雕刻的效率。绘制了遮罩后，可使用快捷键A打开级联菜单，然后对遮罩进行平滑、反转、扩大、缩小等自动调整。在反转遮罩后，能够屏蔽其他未涂抹遮罩的区域，从而只控制已涂抹区域的形状，并使用移动类工具将其拉出一些新的结构（见图4-35）。这种组合式的使用方法，能够快速制作出人头下方的颈部，或在身体的特定区域挤出四肢。

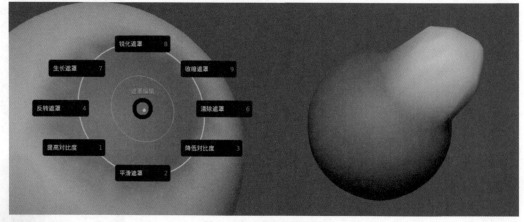

图4-35　遮罩工具的使用

笔刷绘制并不是创建遮罩的唯一方法，单击"框选遮罩"按钮能够选择多种创建遮罩的方式（见图4-36）。默认的"框选遮罩"是通过拖动鼠标画方框的方式创建遮罩的；"套索遮罩"是通过拖动鼠标绘制随意的选区，然后对选区内的顶点创建遮罩；"线条遮罩"则是绘制一条线，并遮住线一侧的顶点。

图4-36　遮罩工具

4.3 数字雕刻案例实战

通过小狮子雕刻案例的分析，相信读者已经掌握了Blender数字雕刻的基本流程。下面将通过一个案例进行实战训练，以巩固知识点。图4-37是中国唐代的文物"鎏金铁芯铜龙"，它的造型独特，富有细节。本节将以它为案例进行数字雕刻实战训练。

图4-37　鎏金铁芯铜龙的参考图

首先，对鎏金铁芯铜龙（简称金龙）的整体雕刻思路进行分析。龙头结构独立，细节最多，张嘴尖耳，形似一个细长的三角形。身体和尾巴形如细长的软管状，呈现略有细节弯曲的大弧线。四肢修长，造型有力。其中，龙头、身体和四肢都是比较独立的个体，可以先从头部开始雕刻。龙头的结构较为复杂，分为4个小节来进行介绍，包括龙头草稿、龙头雕刻、牙齿和舌头、龙角雕刻。身体和四肢相对于龙头较简单，因此集中放在4.3.5小节进行介绍。

4.3.1 龙头草稿

草稿阶段依旧使用多边形建模方式来构建金龙的基本结构。首先，导入金龙的图片作为参考图。新建一个立方体，把它拖到金龙头部合适的位置，然后可以回忆一下第3章中高脚玻璃杯的制作过程，按照相似的思路对面进行挤出、缩放等处理，匹配参考图，完成龙头后半部分的制作。

龙头草稿

接着，要给金龙制作一张打开的嘴，上颌和下颌是分开的。因此，就需要在头部的下半部分向两个不同的方向挤出。通过插入循环边的方式，将头部一分为二，建立上颌和下颌的拓扑结构。再分别选中上下两个面进行挤出，并匹配龙头的轮廓走势。虽然参考图的角度是金龙的侧面，但是在脑海中需要构建出它立体的造型效果，在挤出面时也需要对其进行移动和缩放，还原嘴巴前部尖锐后方宽阔的比例关系。最终通过多角度的观察，完成头部的基本结构，如图4-38所示。

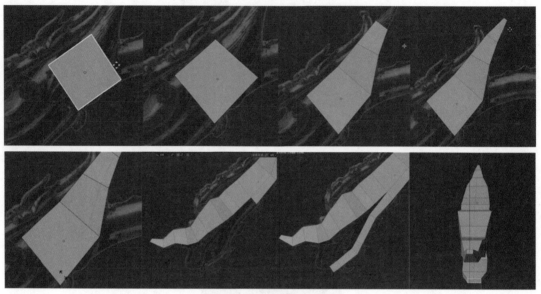

图4-38　金龙头部基本体制作

金龙的鼻子可直接通过放置一个小圆柱体来代替，将该圆柱体放置到合适的位置并调整比例后，可对其增加1级表面细分。龙角的造型比较复杂，可以使用增加了1级表面细分的长方体作为基本结构，并参考之前的方法并参照参考图的轮廓，使用面挤出、移动、缩放等方法完成龙角的模型。做好了一边的角，另一边的角只需要通过"镜像"修改器即可快速实现。当然，还要记得先将龙角的几何原点转换到世界坐标中心，也就是3D光标的位置，这样才能得到一个标准的镜像，由此就完成了龙头草稿的制作（见图4-39）。

图4-39　金龙头部草稿制作完成

4.3.2　龙头雕刻

草稿完成后就进入龙头造型的具体雕刻环节。可以先将龙头和鼻子进行合并，使其成为一个整体。龙角暂时独立，这样便于在后面的步骤中单独对其进行显示和隐藏。合并后的组件可以对其进行"重构网格"，以获得更加合理的拓扑结构。选中合并后的龙头模型，使用组合键Ctrl+Tab切换菜单，并向下选择"雕刻模式"，可以快速进入（见图4-40）。熟练使用这组快捷键可以快速地在建模、雕刻、纹理绘制等模块间进行切换。

龙头雕刻

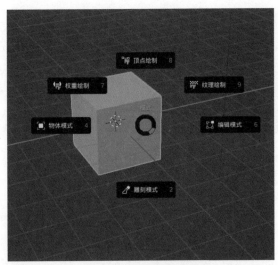

图4-40　模式切换菜单

在开始雕刻前，要注意确认以下3项准备工作已经完成。

（1）对称设置。金龙的造型是左右对称的，需要选中正确的对称方向并打开"镜像"。

（2）动态拓扑。动态拓扑能够为雕刻的模型带来变换的均匀网格，增强雕刻细节，在进行雕刻前可将其打开，并设置适中的细分数量。

（3）笔刷快捷键。雕刻的过程细致而漫长，必然会频繁切换笔刷，给自己常用的笔刷设置合理的快捷键将大幅提升雕刻效率。

1. 龙头大形

可以打开半透明显示（组合键Alt+Z），方便在调整轮廓时查看参考图。仔细观察参考图上龙头的轮廓形态会发现，使用多边形建模完成的龙头草稿和参考图在很多地方并不是完全契合，因此首先可以使用"抓取"或"弹性变形"笔刷调整龙头比例，调整眉弓、嘴巴内部等大结构，让草稿变得更加准确（见图4-41）。此时的工作并没有涉及龙角的雕刻，所以可以在大纲视图中将龙角模型隐藏，以便于调整。

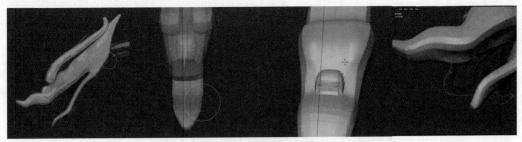

图4-41　调整龙头的结构

2. 画龙点睛

使用经纬球来制作龙的眼睛。选中合适的纬度线，通过移动和缩放制作出眼球上的凹槽[见图4-42（a）]。在比较初始的阶段就制作眼球，其目的是用来对眼窝进行定位，因为在草稿阶段，并没有考虑眼睛的比例与位置，而只是基于整体轮廓进行的制作[见图4-42（b）]。

眼窝的结构较复杂，并且有一些细小的折痕结构，所以需要更多的网格密度来表现这些细节。因此，需要将动态拓扑的分辨率加大，本书在这里设置的是30左右。使用"自由线"笔刷，按住Ctrl键进行绘画，以眼球作为参考，雕刻出能够包裹眼球的合适凹陷[见图4-42（c）]。同时也可以使用"抓取"或"弹性形变"笔刷对眼眶进行调整[见图4-42（d）]。如果觉得细节度不够，可以将动态拓扑的分辨率设置为50或更高。

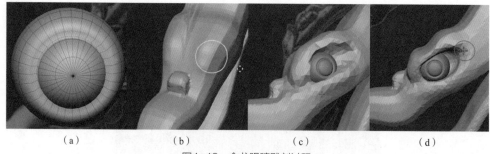

（a）　　　　　　　（b）　　　　　　　（c）　　　　　　　（d）

图4-42　金龙眼睛雕刻过程

3. 龙头细化

龙头的大形完成后，为了方便观察，可以将参考图移动到模型旁边。金龙的数字雕刻并非机械地临摹图片，而是站在全局视角对参考图进行还原。仔细观察参考图不难发现，龙头还有很多的细致结构。

雕刻龙头细节之前，可将动态拓扑的分辨率设置为80~100，并调节笔刷的力度（组合键Shift+F），这样画出来的结构线会更加硬朗、锐利，选择工具时可以使用"自由线""折痕"笔刷，也可以根据个人需要勾选笔刷设置中的"笔画防抖"复选项。使用这些工具，在龙头上画出鼻孔的细节、眉弓的结构线、祥云状的装饰、龙嘴边的结构线、鬃毛，以及下巴的细致结构等（见图4-43）。

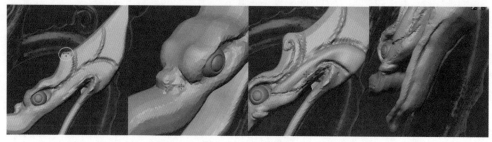

图4-43　龙头细节

雕刻完之后，龙头又增添了许多新的结构，为了获得更平滑的拓扑结构，可以再次使用"重构网格"（需先将动态拓扑关闭），将"体素大小"设置成0.1并应用，便会得到均匀而浓密的网格结构（见图4-44）。这时，即可进一步为龙头添加细节。在高网格密度的支撑下，对龙头结构和线条的刻画能够获得较好的立体造型。

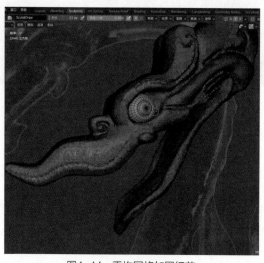

图4-44　重构网格加固细节

增加较密的网格细分后,"3D视图"的交互也会变得卡顿。在此介绍一个新的修改器——"精简"修改器,以实现效果与效率的平衡。首先切回"物体模式",然后添加一个"精简"修改器,并将"比率"调整为"0.1000"。随即,修改器就可以帮助消去冗余的面,将面数精简,而在模型细节度较高的部位依然保留较高的网格密度(见图4-45)。该修改器的"比率"数值代表精简后的面数与精简前总面数的占比,0.1000对应10%,通常情况下,可将其设置为0.5000,这样即可精简掉一半的面数,同时又保留足够的网格细节。

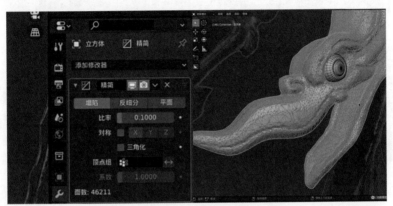

图4-45 "精简"修改器

4.3.3 牙齿和舌头

龙的牙齿及下巴上的鬃毛可以使用"蛇形钩"笔刷来制作。这里的细节度要求较高,可以再次打开"动态拓扑",并将细节度修改为较高的数值。寻找合适的点位进行绘制,将鬃毛从下巴的中心位置拉伸出来(见图4-46)。

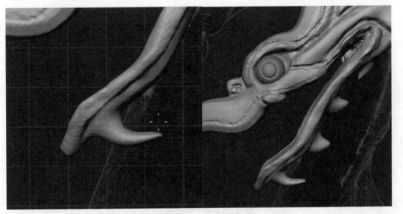

牙齿和舌头

图4-46 拉起鬃毛

同理,使用"蛇形钩"绘制牙齿,但需要确认对称是否已经打开,然后重复类似的步骤。如果觉得牙齿有点小,可以使用"膨胀"笔刷进行润色,或者使用"抓起"或"弹性变形"笔刷对顶点进行移动,保持牙齿尖锐但饱满的造型特点(见图4-47)。牙齿还可以使用多边形建模的方式进行制作,具体的思路与操作可以参考小狮子爪子的操作,在此就不再赘述了。

舌头的制作可以使用曲线路径的方式来完成,与以前介绍的方式不同,这里将同时使用路径与截面来进行制作。首先,新建一个贝塞尔曲线和一个贝塞尔圆,接着,在贝塞尔曲线的参数列表中选择"几何数据—倒角—物体",并使用吸管选择贝塞尔圆,随即就可以完成一个沿着曲线路径并以贝塞尔圆为截面的管状模型。这样做的好处在于,既可以通过编辑贝塞尔曲线上的顶点来控制舌头的走向,也可以通过编辑贝塞尔圆上的顶点来改变舌头的截面,从而快速实现想要的效果(见图4-48)。

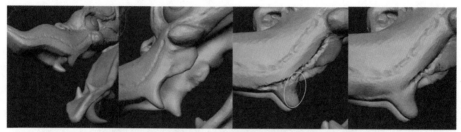

图4-47　牙齿的雕刻过程

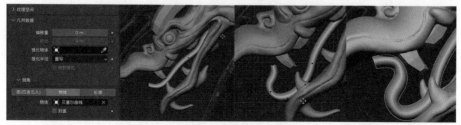

图4-48　舌头的建模过程

确定舌头外形后，可以将其转化为多边形网格。在转换多边形时，可能会因为曲线的方向而产生多边形法线方向的错误。可以单击界面右上角的"视觉叠加层"图标按钮⊙∨，勾选"面朝向"复选框，如果发现有面呈现红色，则代表这些面的法线方向反了。

法线的概念：垂直于多边形面的线，法线向上为正方向，反之为负方向。法线方向不正确会给三维制作中的很多步骤带来麻烦，因此，需要学会检查法线方向并对其进行正确处理的方法。

进入"编辑模式"全选所有法线错误的面，按下组合键Alt+F并选择"重新计算外侧"选项即可解决此问题（见图4-49）。舌头并不需要进行太多的调整，唯一的瑕疵是舌头的末端比较平，可以将其圆滑一下，由此，龙的舌头便制作完成了。

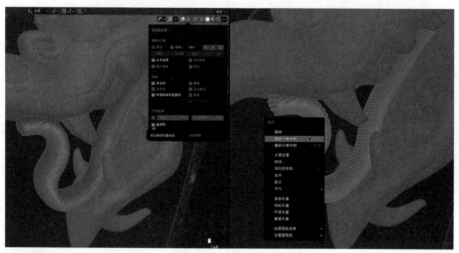

图4-49　"面朝向"问题

4.3.4　龙角雕刻

龙角雕刻的思路是先调整其位置、大小、形状及光滑度，再雕刻出和龙头相交部位的花瓣结构，然后钩起龙角分叉的一些凸起结构，最后与头部进行合并、重构网格、精简模型面数。

（1）再次仔细观察参考图发现，龙角与龙头接触的部位是由莲花状的花纹包裹

04_龙角雕刻

的，连接部位较大而角的末端较小。需要将连接部位进行膨胀，然后，给角的末端增加一个上翘的结构。在雕刻之前，可以进入"编辑模式"通过移动和旋转面的方式对龙角进行整体调整，其间也可以使用快捷键O打开"衰减编辑"进行柔性调整（见图4-50）。

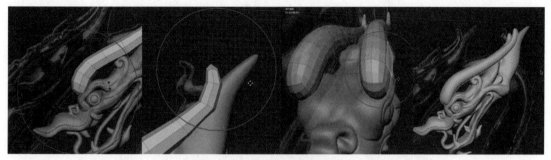

图4-50　龙角在物体模式下的调整

（2）给调整完的龙角增加一些细分，然后使用"抓起""自由线"等笔刷雕刻出花瓣的凸起，再使用"折痕"笔刷雕刻出花瓣的刻线细节。完成细节结构刻画后，可使用"抓起""弹性变形"笔刷，让龙角头部的边界部位和龙头结合更紧密（见图4-51）。

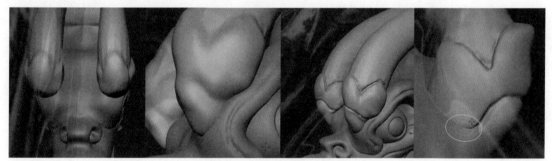

图4-51　龙角与头连接的花瓣结构

（3）龙角上凸起结构的雕刻思路是先用"蛇形钩"工具抓起，然后用"自由线"或"膨胀"工具使其变得圆润、饱满，最后用勾线修边（见图4-52）。当然，也可以使用遮罩工具画出这些凸起的区域，再使用遮罩工具进行反转，用移动笔刷将拓扑结构拉成凸起。

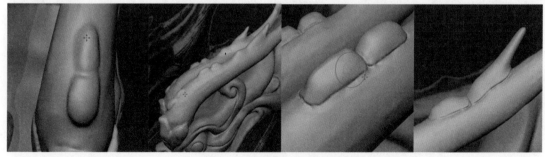

图4-52　龙角凸起结构雕刻过程

（4）完成了龙角的雕刻后，可以将其与头部进行合并，并再次重构网格、精简面数。然后寻找一些带有透视的参考图，旋转"3D视图"从多个角度观察雕刻完成的模型，对其造型进行微调，直至达到满意的效果（见图4-53）。通过龙头的制作，再次实践了看、想、试的循环，加深了对数字雕刻工具的理解，让建模工具和创作者脑海中的想法的表达过程变得更快速、更准确。

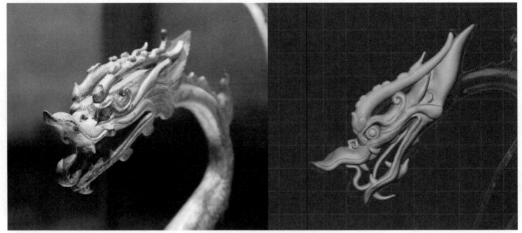

图4-53　龙头模型最终效果

4.3.5　躯干和四肢

金龙躯干和四肢的制作思路也延续之前的思路，先用多边形建模方法完成草稿，再仔细观察，逐步细化。在接下来的制作过程中，会继续介绍一些新的笔刷工具。

1. 制作草稿

新建一个贝塞尔曲线和一个贝塞尔圆，参考舌头的制作思路，让贝塞尔圆成为贝塞尔曲线的截面。在贝塞尔曲线的数据属性下选择"几何数据—倒角—物体"并使用吸管选择贝塞尔圆，能够快速得到管状的身体。移动贝塞尔曲线上的顶点，能够快速调整身体的弧线，使用组合键Alt+S能够缩放顶点并改变其控制的截面大

躯干和四肢

小。通过这些方法，能够快速调整金龙身体的造型。更重要的是，也可以通过对贝塞尔圆上面顶点的调整更改身体截面的造型。因为仔细观察参考图就能够发现，金龙的身体并不是一个简单的管状，截面也不是一个简单的圆形，而是脊背较细而腹部较圆润的造型，身体两侧也有较硬的筋骨结构（见图4-54）。躯干形体的草稿制作完成后，可将它转换到网格体，并给它添加一些表面细分度。在这一步之前还需要注意检查模型两端是否添加了封口，若不闭合时，可进入"编辑模式"选择开口处的循环边，按F键进行封口。

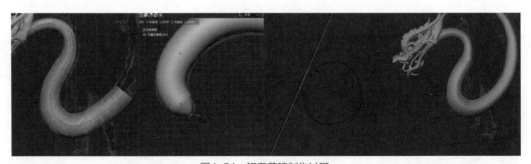

图4-54　躯干草稿制作过程

同样使用多边形建模工具来完成金龙四肢的制作草稿。首先，新建一个分段数为12的圆柱体，然后通过面的多次挤出、移动与缩放，完成龙前腿的转折结构。可以新建一个单独的立方体，通过面的挤出、移动、缩放来制作单独脚爪的造型草稿，然后复制3个脚趾并将其摆放到合适的位置。可以使用一个棱角球来搭建掌心的结构来完成脚趾与前腿连接处。注意，使用棱角球来填实一些空隙。之后，再将这几个模型合并，便可以得到一个完整的前肢（见图4-55）。接着，重置前肢的中心点到坐标原点，并使用组合键Ctrl+A应用"全部变换"，然后使用"镜像"修改器复制出另一侧的前腿。

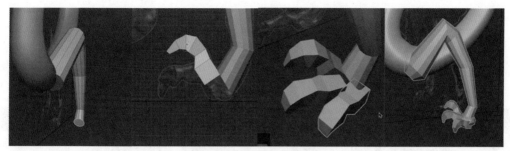

图4-55　四肢草稿制作过程

2. 前肢雕刻

为前肢增加一级网格细分，进入"雕刻模式"，使用组合键Ctrl+R对其进行"重构网格"，然后开始前肢的雕刻。

首先，仔细观察参考图中金龙的前肢，柔中带刚，充满力量感，呈现完整的弧线造型。使用"弹性变形"笔刷，并按Shift键快速切换为"光滑"笔刷来快速雕刻。在平滑中保持龙爪的筋骨感。金龙前肢肘部位置可用移动类笔刷将其捏得更尖锐一些。爪子部分的雕刻可使用"自由线"笔刷来刻画出指甲周围的凸起；使用"光滑"笔刷平滑指甲的末端，实现尖锐的效果（见图4-56）。细节雕刻处可打开"自动拓扑"，完成后再使用"精简"修改器对其进行减面处理。

图4-56　龙的肢体雕刻过程

3. 后肢雕刻

金龙的后肢与前肢较相似，只是弯曲弧度和比例关系不同。在这里，可以直接复制前肢将其作为后肢的基础，再进行制作。下面将重点介绍姿态笔刷，以实现后肢造型的快速调整。

将复制出来的前肢移动到身体的对应位置，然后旋转调整其角度。将数位板或鼠标切换为姿态笔刷，该笔刷在模型表面悬浮滑动时能够自动捕捉三维模型的结构，并将其识别为一些可沿姿态笔刷弯曲的独立形体。改变笔刷的大小，能够让姿态笔刷的长度发生改变，从而控制模型弯曲的旋转点。从某种意义上来说，"姿态"笔刷类似于骨骼绑定工具，可以借助它把前肢的大臂部分向下掰弯，再使用"弹性形变"笔刷将其拉长至与躯干接触（见图4-57）。完成后，就可以再次重构网格、精简面数，并进行细节雕刻了。

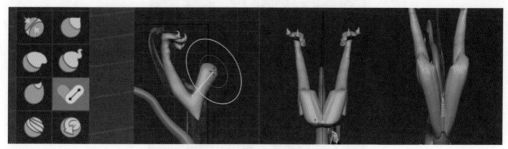

图4-57　龙的后肢初步处理

4. 背部刻画

背部刻画要注意的细节主要有两个：一个是祥云状的背部装饰；另一个是脊背上凸起的角鳞。

仔细观察祥云状的装饰发现，其实它可以理解成一个在其内部勾勒着卷曲线条的扁平的独立个体。所以，可以使用一个圆柱体作为起始物体，将其压扁并移动到合适的位置，添加网格细分。接着使用"蛇形钩"雕刻笔刷拉出祥云上翘的尾部，再用"折痕"刻画出内部的卷曲线条（见图4-58）。

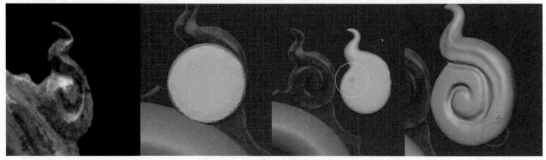

图4-58 祥云状背鳞雕刻过程

可以直接在躯干上雕刻出脊背上的角鳞。打开镜像和动态拓扑，动态拓扑的分辨率可以设置得较大一些。选择"蛇形钩"雕刻笔刷，然后，在脊背合适的位置拉出细小的凸起，再综合使用"抓起"笔刷对其形态进行调整，并结合切换光滑笔刷处理接缝处生硬的线条（见图4-59）。

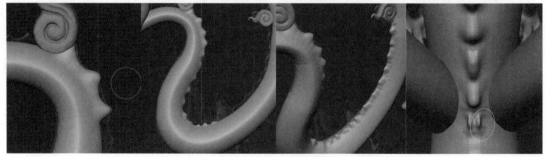

图4-59 角鳞雕刻过程

完成背部细节的雕刻之后，可以使用组合键Ctrl+J把所有的模型组件进行合并，重构网格后再使用"光滑"笔刷消除接缝。之后反复对照参考图片中金龙的造型特点，对作品进行整体修饰。至此，Blender数字复刻唐代文物"鎏金铁芯铜龙"就圆满完成了（见图4-60）。

图4-60 金龙模型雕刻完成

4.3.6 任务练习

（1）观看教学视频，复习4.3节的知识点，完成金龙的雕刻实践。

（2）熟练掌握以下知识点和技巧。

① 快速运用多边形建模操作来制作草稿。

② 熟知重构网格、动态拓扑的用法和意义。

③ 雕刻复杂物体时养成分块制作后合并的思路。

④ 熟悉常用的数字雕刻笔刷效果，并形成自己的制作习惯。

⑤ 养成雕刻后360°旋转模型反复推敲、精益求精的习惯。

4.4 本章总结

至此，相信读者已经初步掌握了Blender数字雕刻技法。通过本章的学习，希望大家都能够用理性和专业的眼光来审视三维数字艺术作品，在惊叹于软件作品高超的视觉效果之余，能够用拆解的思维来认识作者是如何一步一步完成这件作品的。虽然数字雕刻与传统的点、线、面式的多边形建模大有不同，但是其背后的思维方式依然相通，为以下四个层次。

1. 拆解

有敏锐的观察力，能够把生活中常见的事物拆解成几何体，能从轮廓线、结构线的方式理解物体的形体和剖面。

2. 对应

熟练掌握三维建模工具的使用，能够把在现实中的观察和思考与三维建模工具的具体功能对应起来。

3. 转化

借助三维建模工具将脑海中的想法表达出来，把思想转化成三维虚拟世界中的点、线、面。

4. 习惯

不断缩小所想与所得之间的距离，持续提高效率，达到眼、脑、手高度一致，形成强大的肌肉记忆，提高综合素养。

回忆本章最初展示的逻辑图，我们需要再次认识到，在想法和结果之间，软件工具完成的是什么步骤。那么，我们如何能够更好地完成视觉表达？答案是质朴的：勤练，多思。

材质贴图基础

完成了建模类的知识讲解后，本书将开始介绍模型的材质贴图制作技术。不同的材质属性定义了模型在渲染时与光线的不同作用，一些常用的材质属性包括反射、透明、自发光（Emission）等。贴图定义了模型表面的色彩、肌理、质感等效果，使用二维的贴图给三维的模型上色，需要先对模型进行平面化展开，即 UV 展开。

本章将系统性地讲解材质节点编辑的基础知识，介绍一些具体的材质效果，包括水体材质与随机化颜色；讲解 UV 编辑的基础知识，结合具体案例学习 UV 编辑及 UV 对位操作；将通过具体案例讲解 Blender 中 UV 编辑及材质节点编辑的操作，梳理操作步骤并介绍相关常用功能的快捷键，同时也会介绍一些实战中提高工作效率的技巧。

- **学习目标**

1. 掌握 UV 编辑的原理和基本操作。

2. 掌握 UV 对位操作。

3. 掌握 UV 贴图绘制的方法。

4. 掌握材质节点的基本概念。

5. 掌握材质的几种基本应用，包括水体材质、随机化颜色、世界环境的节点编辑。

6. 灵活应用本节知识为模型添加贴图和材质。

✏️ **逻辑框架**

　　材质贴图效果能够让素色的模型在渲染表现中呈现逼真或风格化的视觉效果，可将其制作过程拆解为如图 5-1 所示的步骤。

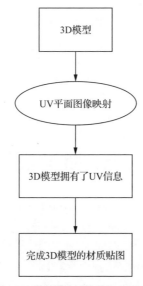

图5-1　制作材质贴图基础思维导图

5.1 UV编辑与贴图制作

　　UV编辑是材质贴图制作的基础。三维模型的顶点需要 X、Y、Z 三个方向的坐标来确定位置，而二维平面空间中的纹理通常用U、V两个坐标轴对像素进行定位。为了实现使用平面贴图给三维模型上色，需要对模型进行UV坐标的展开，调节物体的UV坐标让贴图能够对应在三维模型表面的正确位置。本节将详细介绍UV编辑与贴图制作的相关操作。

5.1.1 UV编辑基础

1. UV简介

　　UV是一个平面坐标系，U和V分别代表贴图象限的横、纵坐标，可记录一个立体模型展开后的平面网格。UV展开即是一个将3D模型沿边线展开转换成平面网格的过程，将一张图投影到这个平面网格上，那么，这张2D图像便可映射到3D模型上（见图5-2）。

UV 编辑基础

图5-2　UV展开示意图

2. UV/图像编辑器

与数字雕刻类似，Blender的UV编辑拥有独立的工作区——UV Editing。在UV Editing工作区下，界面由两个面板组成，左侧是"UV编辑器"面板，按住鼠标中键移动，按住Ctrl+鼠标中键进行缩放；右侧是"3D视图"。

3. UV选择模式

在"UV编辑器"中，可以在顶点、边、面和孤岛（孤岛即一组相连的面）4种模式中切换使用。与"3D视图"中类似，这里也可通过按L键来进行孤岛化选择。

4. UV编辑的基本操作

UV编辑的操作与"编辑模式"下多边形建模的操作相似。

（1）移动：按G键后移动鼠标可对UV进行移动，按组合键G+X可将其沿水平方向移动，按组合键G+Y可将其沿垂直方向移动。

（2）旋转：按R键进行旋转。

（3）缩放：按S键进行缩放，按组合键S+X可将其在水平方向进行缩放，按组合键S+Y可将其在垂直方向进行缩放。

5. 展开菜单

编辑模式下选中一些面，按U键打开UV编辑器的展开菜单，常用的功能有"展开""标记"和"清除缝合边"，之后的讲解也会涉及"沿活动四边面展开"等主要功能。

6. UV选区同步

在UV视图左上角可单击选择"UV选区同步" 🔀 图标（见图5-3）。

图5-3　UV选区同步

打开"UV选区同步"后，整个模型的UV展开将显示在左侧视图中，选中左侧视图中的UV，会在右侧模型中显示选中的对应部分（见图5-4）。

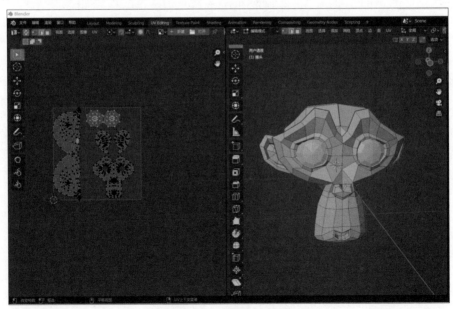

图5-4　UV选区同步示意图

同时，在左侧视图中切换到边选择模式，选中边时会显示与之相连的边（见图5-5）。

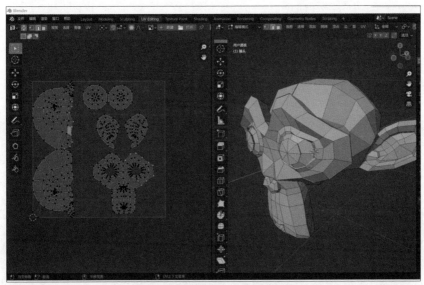

图5-5 UV选区同步显示相连的边

7. 标记/清除缝合边

缝合边是为UV展开操作而定义的"边界线"，UV展开时，模型将从缝合边被切开。缝合边决定了UV展开的方式，选中要进行标记或清除缝合边的模型的边，单击鼠标右键，在弹出的快捷菜单中选择"标记缝合边"或"清除缝合边"选项，即可标记或清除缝合边。在选中模型的边后按U键，在弹出的快捷菜单中也能找到"标记缝合边"和"清除缝合边"的选项（见图5-6）。

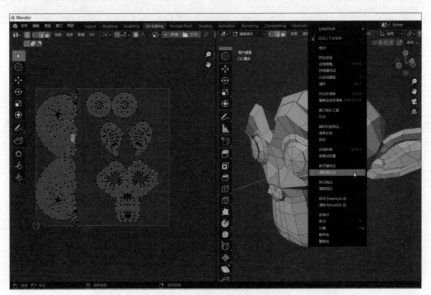

图5-6 标记/清除缝合边

5.1.2 UV展开

本小节将讲解如何展开Blender中自带的基础模型猴头UV，通过本小节的讲解，将学习到展开一个模型的思路和流程，以及如何在Blender中使用一些基础的展开工具。

1. UV展开操作

一个模型的UV可以有多种展开方式，以下将讲解一种对猴头模型进行UV展开

UV展开与
贴图绘制基础

的思路及具体的展开操作，可作为UV展开的参考。

（1）按视角投影

右侧"3D视图"在"编辑模式"下的面模式，按A键可对模型进行全选，按U键选择"从视角投影"，将为模型创造一个新的UV。这个UV是从当前"3D视图"的观察角度投射出来的，此时的模型尚未标记缝合边，投射出来的是一个未拆分的完整的UV（见图5-7）。

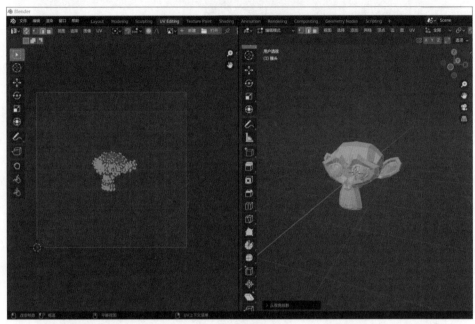

图5-7 从视角投影

（2）标记缝合边

对于案例中的猴头模型，先将猴头的正脸作为单独的一部分裁开，按Alt键选择猴头面部的循环边，单击鼠标右键，在弹出的快捷菜单中选择"标记缝合边"选项，此时可发现猴头面部周围的一圈线变为红色。对于猴头的后半部分，可以沿中线再标记一次缝合边（见图5-8）。

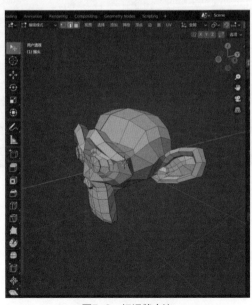

图5-8 标记缝合边

　　此时可进行UV展开操作，观察展开效果。切换到面模式，按A键全选，按U键选择UV展开，可以观察展开后的UV。能明显看到，猴头的正脸及被独立切分成的孤岛较为清晰。但耳朵部分的UV多面结构被限制在了很小的范围内，这样的结果不利于之后进行贴图的绘制（见图5-9）。此时可标记新的缝合边，对UV进行进一步的调整。手动选择耳朵的一圈边标记缝合边，对于耳朵进行单独的裁剪，再次进行UV展开（见图5-10）。

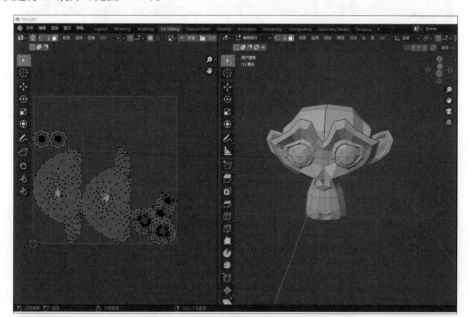

图5-9　展开观察UV

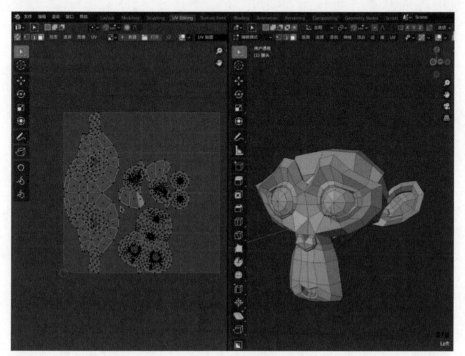

图5-10　展开效果

2. 调整UV

通常情况下，UV展开无法一步到位，需要手动进行排版和调整。

　　对猴头模型两只耳朵对应的UV进行调整使其对称，这便于之后在其他绘图软件中的进一步操作。按L键选择耳朵对应的孤岛UV，对其进行平移和旋转（见图5-11）。此时应该关闭UV选区同步，否则移动时其他部分对应的UV相连部分也会被移动。

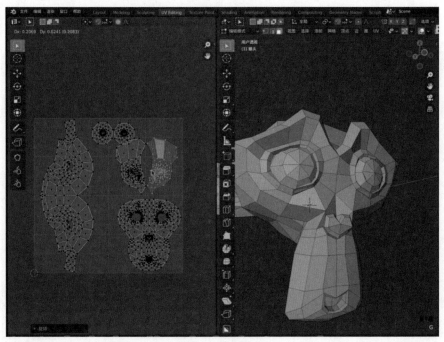

图5-11　调整UV

　　将其切换到边选择模式，选中待移动的UV，按G键进行移动，通过移动及旋转将UV调整到合适的位置，按2键切换到边选择模式，选中边将激活模型UV上对应的边（见图5-12）。选中想进行连接的边，按组合键Alt+V可以将其进行连接，实现对贴图自定义的合并（见图5-13）。

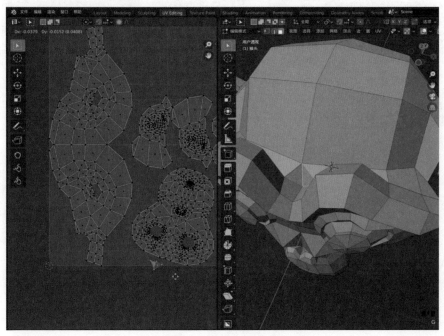

图5-12　移动UV分离面

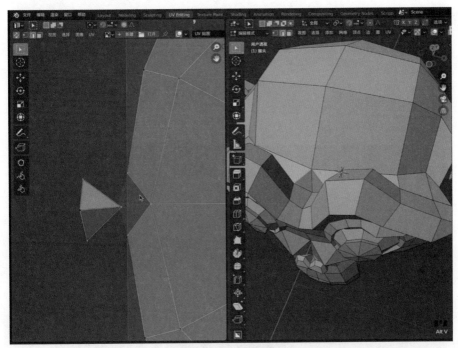

图5-13　连接UV

3. 拼排UV

对展开的UV贴图进行排列，通过平移、旋转、缩放等操作，使得展开的各部分UV便于观察，之后绘制贴图更方便，同时也可以提高贴图像素的利用率。通过孤岛化选择可以快速选中整块的UV，对每部分UV进行具体的排列调整。如案例中将猴头模型的脸部转正，将两只耳朵对齐等操作（见图5-14）。在涉及多个模型共用一张图像时，可以将多个物体的所有UV都放到同一个工作空间内，合理分配空间拼排UV，尽可能多地利用每一寸贴图。

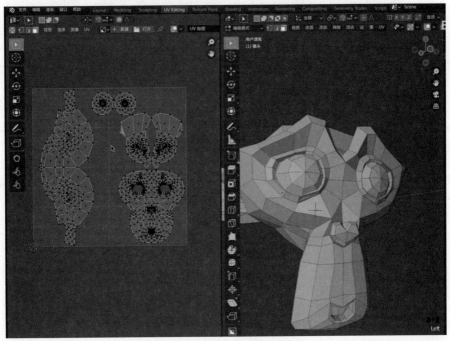

图5-14　猴头模型最终展开效果

5.1.3 贴图绘制基础

本小节将在上一小节中展开的猴头模型UV的基础上为猴头绘制贴图，通过本小节的学习，你将初步掌握贴图绘制相关的知识。

1. 导出UV布局图

在"UV编辑器"中按A键全选所有的面，在UV下拉菜单中选择"导出UV布局图"选项，然后将其保存为PNG格式，如图5-15所示。

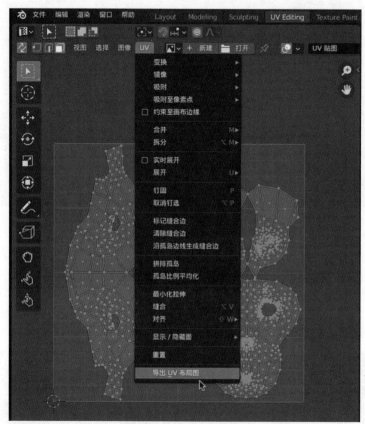

图5-15　导出UV布局图

2. 在Photoshop中对UV布局图进行绘制

可以使用Blender中的贴图绘制模式绘制贴图，也可以使用专业级贴图绘制软件Substance Painter。本小节将使用Photoshop软件（简称PS）对导出的UV布局图进行贴图绘制，目的它是使用较通用的图像处理软件，让读者理解贴图与三维表现的对应关系。

本书的核心是讲解Blender软件，因此此处省略了在PS中对UV贴图的绘制过程。在绘制过程中，需要时刻注意模型和UV贴图的对应关系。可以在PS文件中随时打开导出的UV布局图，仔细观察UV布局图和三维模型的对应关系。在PS中绘制完成后，可将PSD文件另存为JPG或PNG格式，注意隐藏UV网格（见图5-16）。

3. UV贴图应用

在PS中绘制完贴图后，可将其应用到三维猴头模型上，观看效果。

首先，在"物体模式"下选中三维猴头，然后在右侧的材质属性■中为其新建一个空白材质，单击"基础色"属性中的黄点按钮■并选择"图像纹理"，打开猴头对应的贴图文件。接着，切换"3D视图"的预览模式，可按Z键并选择"材质预览"选项，便可看到贴图附着在模型上的效果（见图5-17）。

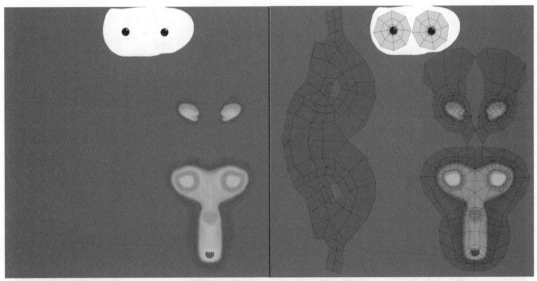

图5-16　导出的贴图（左）和未隐藏网格的贴图（右）

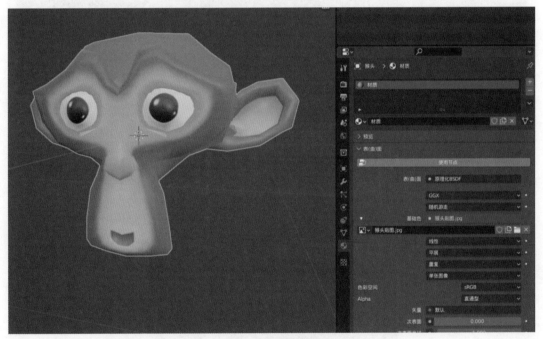

图5-17　贴图效果

　　在此基础上，给模型添加1级"表面细分"修改器，单击鼠标右键，在弹出的快捷菜单中选择"平滑着色"选项，可以更好地观察到添加的贴图效果。接着，可以在PS中对贴图做进一步调整，在一些面部结构的转折处绘制新的细节（见图5-18）。注意，贴图的效果与图像分辨率密切相关，贴图的分辨率越大，最后在模型上显示时的渲染效果就越清晰。

小贴士

　　本案例中使用的贴图分辨率为 2048 像素 ×2048 像素，然而猴头的面部在 UV 排布中大约只占 1/4 的比重，实际面部使用的分辨率约为 1024 像素 ×1024 像素。因此，UV 孤岛在象限中的排列应尽可能占满所有空间，以最大化地利用图片的像素。

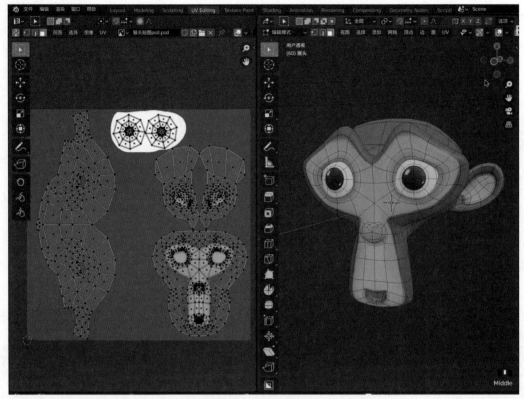

图5-18　最终贴图效果

5.1.4　UV对位

本小节将结合一只帆船的案例，讲解在Blender中如何进行UV对位，以及提高单张贴图分辨率的实用技巧。

UV 对位

在一张纹理贴图上绘制多种材质（见图5-19），是游戏贴图中较常使用的制作方式，这种制作方式对单张图片的使用率很高，且大多数单个模型只需要使用一个材质设置，因此，这易于对美术资产进行管理。

图5-19　一张贴图上集合了多种材质

1. 从视角投射展开UV

先给帆船模型创造一个材质，在"基础色"属性下选择"图像纹理"，打开纹理贴图，将其切换到"UV Editing"模式。此时，因为帆船UV是混乱的，所以模型表面映射的图像也是混乱的。下面将介绍一些对UV进行调整的方法和技巧，以达到正确的贴图效果。

帆船的模型比较复杂，采取标记缝合边再展开的方式相对来说效率较低。这个案例对于帆船模型的船身部分，采用从视角投射展开UV的方式，可以方便、快捷地将帆船侧面和顶面UV分三部分投射出来。

首先调整"3D视图"进入侧面的正交视图，从帆船的正侧面选择"从视角投影"展开UV，此时可观察到"UV编辑器"中显示出的UV（见图5-20），将其移动到贴图对应的木板的位置，并对帆船的前、后、上、下都做同样的处理。

图5-20　从视角投射UV

小贴士

我们在贴图对位时，可经常使用快捷键？对选中的模型或模型的某些部位进行"独立显示"，便于单独观察贴图的对位效果。

2. 贴图对位调整

经过UV展开及调整，船身已经基本有了木板的效果。但从不同角度投射的UV在比例上会有差异，而造成模型表面的像素显示过于局部，较为粗糙。比如，甲板的部分就存在比较明显的纹理拉伸现象（见图5-21）。

（1）调整甲板

在"UV编辑器"中关闭选区同步，让接下来的UV调整不影响相连的区域。在"3D视图"中选择甲板的面，激活对应的UV。然后在"UV编辑器"中将其移动到木板纹理的区域，并将甲板UV的区域尽量放大而充满贴图中整个木板材质的像素范围，从而改善粗糙的问题。还可以对甲板UV进行水平方向的缩放。这时能够发现木板的纹理变得更密，即使UV超过了贴图所在的象限范围，模型上仍然会有对应的图像纹理（见图5-22）。

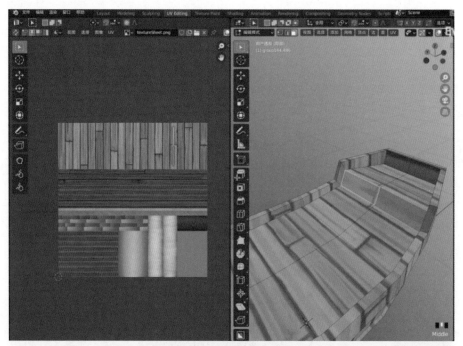

图5-21　木板纹路被拉伸

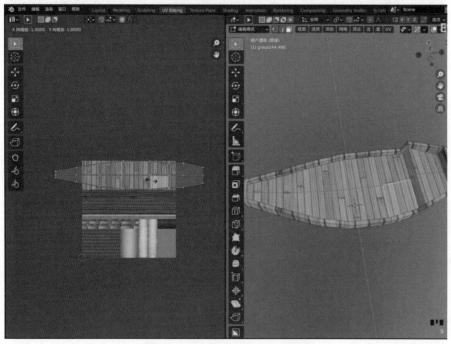

图5-22　超出范围UV仍可显示贴图

在"UV编辑器"中，虽然UV贴图显示出的只是一个正方形的象限范围，但在编辑器的空间中却是从上、下、左、右几个方向上无限连续的。因此，这张贴图中木板材质的区域在水平方向上是循环往复的。所以，在很多情况下，可以利用贴图的重复性来规避模型表面贴图像素粗糙的问题。

（2）调整船身

船身侧面的木板也存在粗糙的问题，可以仔细观察帆船侧面，并选择对应面的UV进行缩放、旋转和平移，改变UV截取贴图的范围，从而使木板纹路呈现出更好的效果（见图5-23）。

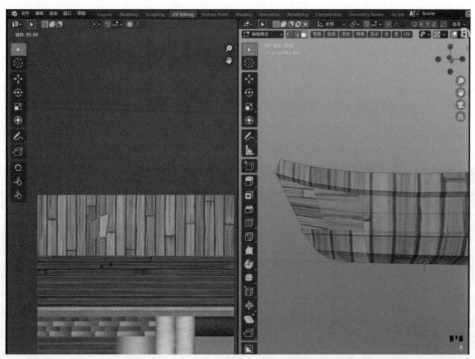

图5-23　对具体面的UV进行调整

（3）展开船舷

对于船舷的结构需要使用完全展开UV的方式而非视角投影的方式。选中船舷的结构线并单击鼠标右键，在弹出的快捷菜单中选择"标记为缝合边"选项，设计好这些区域UV的切分方式，并使用UV菜单下的"展开"命令将其完全展平（见图5-24）。将展开后不规则的四边形移到红色木头所在的贴图范围中，即可在3D视图中看到对应的变化。

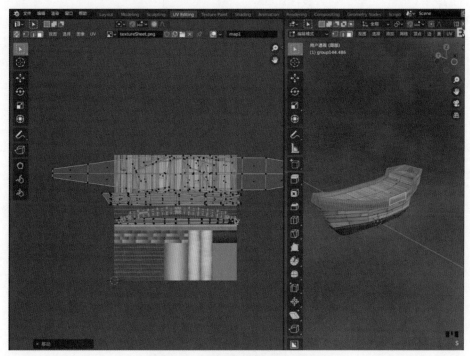

图5-24　UV展开为不规则四边形构成

（4）规则化不规则的UV

船舷的颜色效果已经实现，但弯曲而不规则的UV不能很好地表现出上了红色油漆的木质效果，需要将不规则的弯曲UV编辑成横平竖直的状态，才能更好地将其对应到贴图上的区域中。

首先，选中船舷UV中任意一个不规则四边形的顶点，单击鼠标右键，在弹出的快捷菜单中选择"自动对齐"选项，做出一个横平竖直的规则长方形。再使用孤岛化选择船舷（快捷键L），并按Shift键选中规则的长方形作为激活项。最后单击鼠标右键，在弹出的快捷菜单中选择"按活动四边形展开"选项。此时，船舷部分长条形的UV就会以之前处理好的长方形作为参照物规则化地展开（见图5-25）。

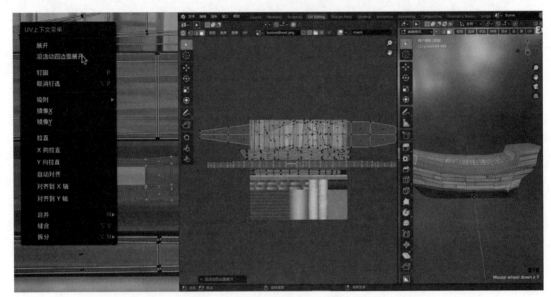

图5-25　沿活动四边面展开后的UV

3. UV关联复制

帆船模型中有许多相同的组件，例如，桅杆、船帆、木箱、灯笼等（见图5-26）。这些模型拥有完全相同的拓扑结构，因此，在编辑UV进行对位时，可以将一个正确模型的UV位置信息关联复制到其他相同的组件上。

图5-26　帆船模型完成后的效果

关联复制对组件选择的先后顺序有要求。先选择未编辑完成的物体（需要关联UV的物体），然后按住Shift键复选已经完成编辑的物体，再按组合键Ctrl+L并选择"复制UV贴图"选项，此时完成的是物体UV布局的传递，再次按组合键Ctrl+L打开快捷菜单，选择"关联材质"选项能够将编辑完成的材质也附着到目标物体上。

关联复制当然不只用于两个物体间的UV、材质传递，也可以同时选中两个以上的相同拓扑的模型组件进行关联，注意，总是保存编辑完成的组件作为最后一个被选择激活的对象即可。

5.1.5　任务练习

（1）观看教学视频，复习5.1节的内容。

① UV编辑的基本操作。

② 缝合边的标记与UV的展开。

③ UV展开后再次自定义编辑的方法。

④ UV对位。

⑤ 贴图重复的原理和方法。

⑥ UV的复制。

（2）理解UV的概念。

（3）仿照案例进行猴头模型的展开和贴图绘制。

（4）完成帆船模型的贴图对位制作。

5.2　材质节点编辑

节点编辑基础

在本节中，将切换到Blender软件的"Shading"面板下，围绕"着色器编辑器"的节点式操作来讲解材质制作的相关知识。同时将以海洋小屋的制作过程作为案例，介绍如何制作水体材质、世界环境与背景色、随机化颜色、贴图控制、次表面散射等材质节点编辑的基本概念。通过本案例的学习，读者将对材质节点编辑的流程有初步的了解。

5.2.1　着色器编辑器

1. 节点的概念

在Blender中，材质制作主要依靠"着色器编辑器"来完成，它位于"Shading"面板的"3D视图"下方，是一个节点式逻辑工作的工具。不同于PS、AE（Adobe After Effects）等上下覆盖的线性图层式（Layer）逻辑，节点（Node）是基于输入、输出的网状逻辑。可以将节点理解为一个封装好的代码模块，它会对输入的信息在本节点内进行处理后再输出到下一节点。第一次接触这个概念的读者可能会觉得有些抽象，但随着本书案例讲解的深入，大家会慢慢理解节点的工作逻辑，并惊叹于它在数字艺术创作中的强大作用。

2. Node Wrangler插件

Node Wrangler插件能够为我们快速高效地处理"着色器编辑器"的节点连接提供帮助。该插件为Blender自带，但是需要手动加载。在"偏好设置"的"插件"中搜索Node，即可找到Node Wrangler插件，单击加载该插件，如图5-27所示，并保存用户界面设置。

加载完成Node Wrangler后，可以记忆下列在"着色器编辑器"中的快捷键操作。

（1）更新贴图

节点树中使用的所有图像（包括图像输入、纹理等）都可以通过组合键Alt+R重新加载，不用手动加载每张贴图。

（2）预览节点

使用组合键Ctrl+Shift+鼠标左键单击节点可以对该节点直接输出的结果进行预览。

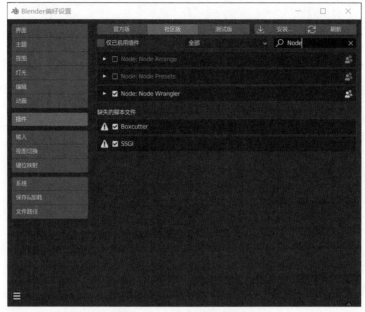

图5-27　Node Wrangler插件

（3）自动添加并连接相关节点

选择任何着色器节点，按组合键Ctrl+T将添加与之相关的节点。

（4）快速链接节点

按住Alt键，单击鼠标右键，将其从一个节点拖到另一个节点，不必精确单击某个节点连接的点就可以快速将两个节点连接起来。按组合键Alt+Shift+鼠标右键拖动，可以显示输入和输出的菜单，便于进行更准确的连接，当节点数量较多时，可以无须放大、缩小就能精准地建立连接。

（5）快速混合节点

按组合键Ctrl+Shift+鼠标右键拖动从一个节点到另一个节点，可以快速以混合模式对两个节点进行混合。

（6）选定并混合节点

选中需要进行混合的节点后按以下组合键，对应的模式与组合键如下。

相加：Ctrl+ "+"。

正片叠底：Ctrl+ "*"。

相减：Ctrl+ "-"。

混合：Ctrl+ "0"。

小于：Ctrl+ "<"。

大于：Ctrl+ ">"。

（7）删除未使用的节点

按组合键Alt+X可快捷地清理节点树，删除所有对最终结果没有贡献的节点。

（8）编组与标签

选中要编组的节点，按组合键Shift+P可将它们编入同一组，按N键打开"属性"菜单可设置组的颜色和标签。

3. 着色器编辑器的基础操作

（1）移动和缩放：按住鼠标中键移动视图，滑动滚轮可缩放视图。

（2）创建新节点：可在菜单中选择"添加节点"选项或者按组合键Shift+A添加节点，每个节点左侧的点表示输入，右侧的点表示输出。

（3）连接操作：单击节点右侧输出的点，将其与另一个节点左侧输入的点相连。

对于刚刚接触Blender材质节点编辑的读者，水体材质是一个难点，它需要理解渲染设置、材质设置的一些关键性概念，并且能够理解水体效果与周围环境的关系。下面将介绍如何制作水体材质。

水体材质效果

1. 玻璃BSDF

打开海洋小屋模型文件，切换到"Shading"视图，打开"灯光预览模式"，选中场景内的水体模型，为它新建一个材质。在"着色器编辑器"中选中默认创建出的"原理化BSDF节点"，按组合键Shift+A在"着色器"级联菜单中新建一个"玻璃BSDF"节点并将它的输出点连接到"材质输出"节点上。"玻璃BSDF"节点常用于表现玻璃或类玻璃性的透明材质，此时，在材质属性下勾选"屏幕空间折射"复选项，并切换到渲染属性下勾选"屏幕空间反射"复选项，勾选这两个选项后Eevee渲染器才会开始计算玻璃材质与周围环境的反射与折射效果（见图5-28）。

图5-28　勾选"屏幕空间折射"及"屏幕空间反射"复选项

"玻璃BSDF"节点的关键性的参数调整如下：

（1）颜色，控制玻璃体的固有色。在这里选择一个蓝色，可以观察到出现了透明的效果（见图5-29）。

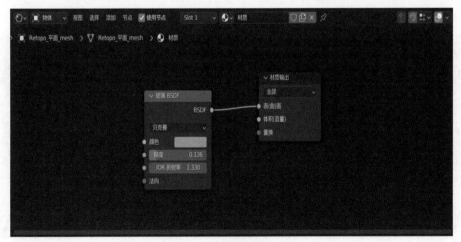

图5-29　"玻璃BSDF"节点

（2）糙度，控制玻璃反射的程度。数值越大，反射的效果越模糊，越接近类似于磨砂玻璃的效果。在这里，可将其调小，以呈现较为清澈的水体效果（见图5-30）。

图5-30　玻璃BSDF糙度值实现透明的水体效果

（3）IOR折射率，是物理模拟参数，当IOR折射率小于1，反射的效果会向内收缩；如果大于1，反射的效果会向外膨胀。自然界中水的真实折射率为1.33，但有些情况下，没有必要完全基于真实的物理数值来设置，可根据呈现出的效果进行灵活的调整。

　　2．水体渐变

海水的颜色并非单一的纯色，在不同的光影下会呈现细微而丰富的变化。在本书的案例中，小屋坐落于浅海的木桩上，由于海水较浅，阳光能够比较直接地穿透海水，因此海底浅黄色的沙子会反射光线，而让海水在色彩上呈现下暖上冷的变换。因此，也需要使用节点工具来对这种渐变的色彩进行还原。CG（Computer Graphics）艺术创作并非简单意义上的技术或审美，而更多的是基于人对生活、大自然的观察理解，使用技术工具将审美记忆表现或再现出来的过程。

使用组合键Shift+A创建"渐变纹理"节点后，再创建一个"颜色渐变"转换器节点，用"渐变纹理"节点的颜色控制"颜色渐变"节点的系数，再用"颜色渐变"的颜色控制"玻璃BSDF"的颜色（见图5-31）。此时，可以观察到水体呈现出了渐变的效果，调整颜色渐变节点中渐变的颜色，使其贴近水体的颜色渐变，但渐变的方向并不是我们想要的垂直方向（见图5-32），下面将继续使用新的节点来对其进行调整。

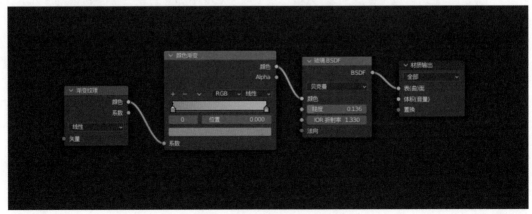

图5-31　水体材质渐变材质节点

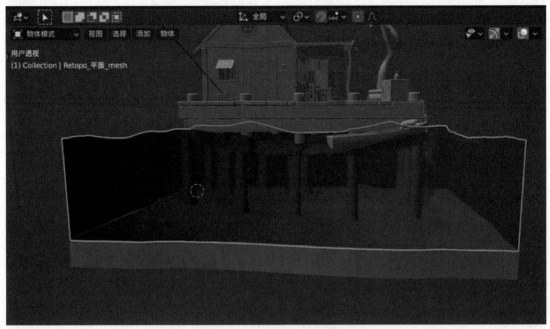

图5-32　为水体材质增加渐变

小贴士

　　Blender 的"着色器编辑器"中的节点类型较多，我们难以全面而准确地对其进行讲解。大家在创建节点时可以使用组合键 Shift+A 中的搜索功能进行快速创建，且根据各级联菜单的分类进行节点类别性的记忆。

　　在之前的操作中，我们已经加载了Node Wrangler插件。在此基础上，可以选中"渐变纹理"节点，按组合键Ctrl+T便可在"渐变纹理"左侧快捷地创建出"映射"和"纹理坐标"两个节点，调整这两个节点可以对渐变效果进行调整（见图5-33）。"映射"节点可以通过数值控制贴图坐标，改变图像的位移、旋转与缩放；"纹理坐标"则通过不同的输出模式，控制图像的映射方式。可以用"映射"中的旋转数值来调整渐变的方向，将Z轴旋转设置为-90°，就会呈现出水体在垂直方向上渐变显示的效果（见图5-34）。"渐变纹理"节点还可设置为多种形态，常用于制作过渡、转折的效果。

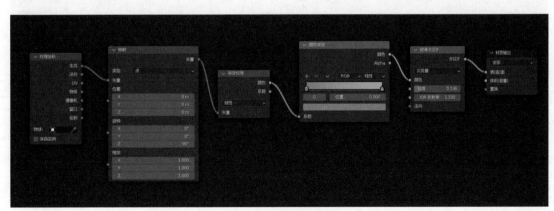

图5-33　调整渐变

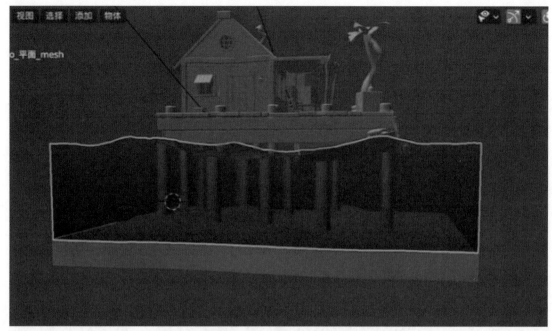

图5-34　水体渐变的方向

3. 反射效果

增加渐变后，水体材质的细节变得丰富，但缺乏透亮的质感，这里需要增加反射的效果。在右侧的属性面板中单击"世界环境" ▣，再单击"颜色"属性前面的黄点▣，选择"环境纹理"，打开一张HDR（High Dynamic Range，高动态范围）贴图，作为世界环境的背景，此处选择了一张蓝天白云的图片作为环境贴图（见图5-35）。

图5-35　增加环境贴图

此时，水体已经有了环境贴图的反射效果，可以对背景贴图进行隐藏与显示切换，便于更加直观地看到环境对水体材质的影响。在右侧属性面板中切换到渲染，在"胶片"选项区域中勾选"透明"复选项（见图5-36），这样可以留下环境贴图对模型的影响，但不显示环境贴图本身，便于进一步地观察和调整。

图5-36 在胶片中勾选"透明"

4. 阴影模式

仔细观察能够发现，水底的沙地上没有物体的投影，这是因为水体模型作为实体遮挡住了光线，虽然水体材质是透明的，但是阴影计算的方式没有发生改变。此时，可以选中水体模型，再到右侧的材质面板下，将"阴影模式"设置为"无"（见图5-37），这时Eevee渲染器就不再将水体模型视作产生阴影的物体了，如此，水底的沙地上便能显示出阳光穿透海面后海中物体的投影，为海水呈现出一种通透感（见图5-38）。

图5-37 阴影模式

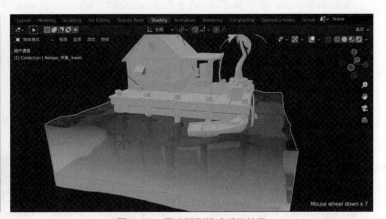

图5-38 更改阴影模式后的效果

5.2.3 世界环境与背景色

本小节将使用"着色器编辑器"对世界环境进行进一步编辑，实现水体在拥有HDR贴图反射的同时，也让世界环境的背景呈现一个渐变色的效果。

1. 环境贴图

在"Shading"面板下的"着色器编辑器"右上角，将材质模式切换到"世界

世界环境节点

环境"模式，此时，世界环境的贴图连接逻辑为咖啡色的图像节点的"颜色"输出点，连接到绿色的"背景"节点上，"背景"节点将环境贴图输出到"世界输出"节点上，如图5-39所示，进行渲染。最终得到如图5-40中的效果（在这里渲染属性下"胶片"的"透明"选项处于关闭状态）。

图5-39　世界环境节点

图5-40　环境贴图效果

2. 渐变色世界环境

断开默认的"背景"着色器节点，创建一个渐变色作为背景，具体方法与水体的渐变色创建类似。首先，新建"渐变纹理""颜色渐变"节点，并依次连接，输出至"世界输出"（见图5-41）。选中"渐变纹理"按组合键Ctrl+T为其增加映射。在映射中将Y轴旋转设置为90°，让世界环境呈现出垂直方向上的渐变（见图5-42），再对"颜色渐变"节点上的颜色进行调整，并将节点上的模式选择为"B-样条"，让渐变显得更柔和。

图5-41　渐变色世界环境设置

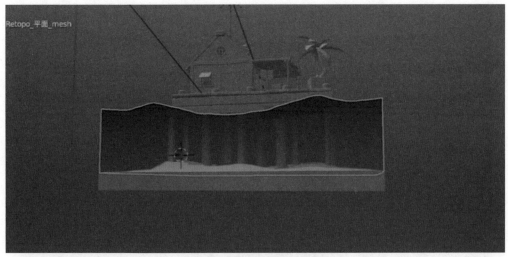

图5-42　渐变色世界环境效果

3. 混合着色器

前面我们将世界环境做成了渐变色，但水体材质的反射效果也同样变成了环境的渐变色。在这里，将通过"混合着色器"节点，以及"光程"节点中对系数的控制实现水体反射HDR贴图，同时世界环境背景也能够呈现干净的渐变色效果。

在着色器编辑器中创建一个"混合着色器"节点，将渐变色背景的输出、HDR背景的输出分别连接到"混合着色器"的两个输入点上，再将"混合着色器"节点的输出连接到"背景输出"节点上（见图5-43）。此时，可以通过调整"混合着色器"的"系数"值来控制混合的效果。当"系数"值为1.0时，世界环境将呈现100%的渐变色背景；当"系数"值为0时，世界环境将呈现100%的HDR贴图效果。

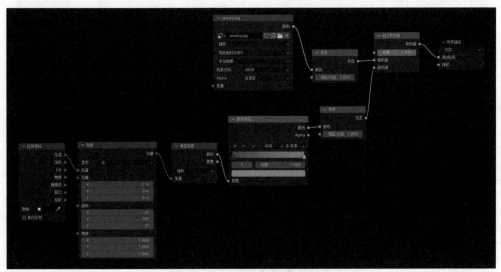

图5-43　材质贴图与渐变环境混合

下面使用"光程"节点来控制"混合着色器"的系数。"光程"节点上有多个输出属性控制着渲染类型的筛选。在这里，使用"光程"节点"摄影机视角"的输出来控制混合着色器的系数（见图5-44）。这个属性的原理是筛选出摄影机所拍摄到的物体作为对象，用其轮廓的范围来控制渐变色背景的范围。此时，就可以实现背景呈现纯色渐变，同时HDR贴图产生的反射依然能够显示在场景模型上（见图5-45）。

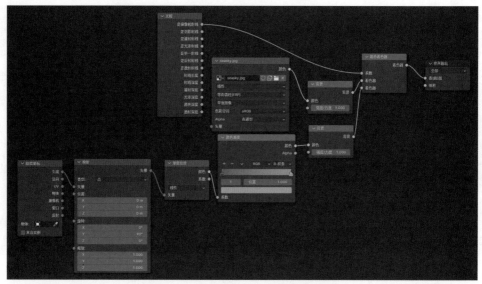

图5-44 用"光程"节点控制混合系数

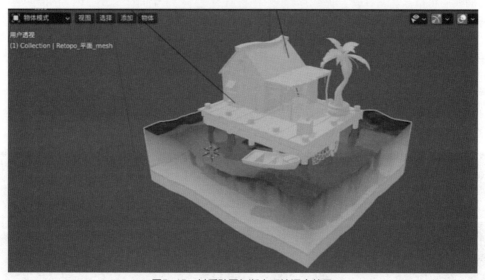

图5-45 材质贴图与渐变环境混合效果

5.2.4 随机化颜色

下面我们对海洋小屋的木板添加材质，希望海洋小屋中的每块木板有一些颜色差异，不会显得呆板。下面将讲解如何用节点控制相同材质球在不同物体之间随机颜色的变化。

1. 基础材质与关联

选中场景中任意一块木板，并为其新建一个材质，在"原理化BSDF"节点中调整"基础色"，将其设置为贴近木板的颜色。选择所有的木板，并保证最后选中已指定好材质的木板，按组合键Ctrl+L对所有木板进行"关联材质"操作。此时，所有的木板都被指定上之前的材质，并呈现出相同的颜色。

如果场景中所有的木板都是一样的颜色，缺少变化，会显得比较呆板、细节度不够。但如果为每个木板都单独创建一个材质，并重新指定颜色，则工作量较大、效率较低。接下来，将介绍"物体信息"节点中的随机值来快速实现对同一材质颜色的随机化处理。

随机化颜色

2. 物体信息节点

首先，创建一个"颜色渐变"节点，并将其连接到"原理化BSDF"的基础色上，将渐变的颜色调整为浅棕到深棕。接着，创建一个"物体信息"节点，用"随机"输出属性连接到"颜色渐变"的"系数"输入属性上（见图5-46）。这时，场景内的模板就在"颜色渐变"节点上的色彩范围中产生了丰富的变化（见图5-47）。在Blender场景中，每个三维物体都有一个独立的编号，而"物体信息"节点上的"随机"输出属性能够将物体编号提取出来，并进行随机输出。当这个输出值被连接在"颜色渐变"上时，会随机从渐变色的范围中选取一个

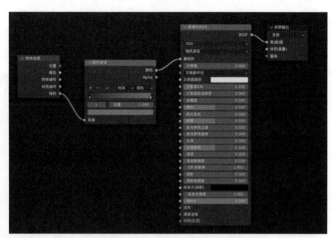

图5-46　随机化颜色节点连接

色彩并输出到材质的显示上，从而实现统一材质球在不同物体上显示不同色彩的效果。这一方法在很多大型三维场景制作中都能够起到事半功倍的效果，快速实现多个物体的色彩差异。

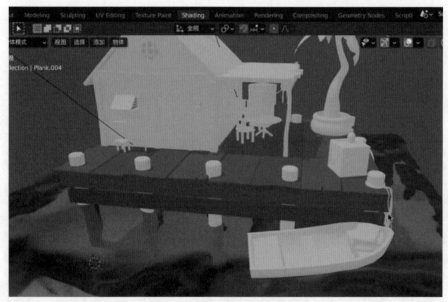

图5-47　木板呈现随机化颜色

可以使用这一方法来处理海洋小屋的门框、窗框、木墙、屋顶等组件，让它们在统一的色系中产生更加丰富的色彩差异。

5.2.5　贴图控制

在前面的小节中，使用"着色器编辑器"给海洋小屋场景中的物体进行了丰富的材质设计，实现了物体随机颜色等效果。在这一小节中，本书将围绕"原理化BSDF"节点上主要属性的贴图控制展开，让各位读者理解一些常用属性贴图对材质控制的效果。本书的第6章将重点介绍各种贴图的连接与使用方法，本小节只作为基础性知识铺垫介绍以下两类贴图的用法。

贴图控制

1. 法线贴图

法线贴图使用RGB的三个颜色通道来模拟物体表面结构的受光效果。新建一个

"图像纹理"打开木纹的法线贴图素材，并将"图像纹理"节点的色彩空间选择为"Non-color（非彩色）"模式。在节点的"矢量"类目下新建一个"法线贴图"节点，将"图像纹理"节点的"颜色"与"法线贴图"节点的"颜色"相连，将"法线贴图"节点的"法向"与"原理化BSDF"节点的"法向"相连（见图5-48），便可以观察到木板的表面出现了细小的木纹凹凸效果（见图5-49）。

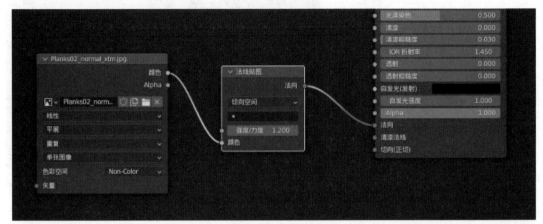

图5-48　增加法线贴图

图5-49　增加法线贴图的效果

给门框模型指定该木质材质，并在"UV编辑器"中观察门框的UV展开情况。此时，模型上出现了几条木质的凹凸，但明显其纹理的分布不是我们想要的效果（见图5-50）。此时可以使用帆船案例中的UV对位思路，重新设计门框模型的缝合边将其展开，并排列成细长的UV块对应到木纹法线贴图合适的位置上（见图5-51）。场景中的屋顶、小船上的麻袋、水体底部的沙地材质也都可以按照这样的方法增加法线贴图，以增加材质的细节表现。

麻袋模型默认的UV分布也不甚理想，如果想让麻布纹理的呈现效果更好，也可以使用前面的方法进行UV对位。首先使用视图投射的方式对UV进行再次投射，再按Alt键选中麻袋中间的循环边，并将其标记为缝合边，再使用UV展开。此时麻袋纹理较大，如希望获得更密的纹理排布，可以给麻袋法线的贴图"图像纹理"按组合键Ctrl+T增加映射控制，并将"映射"节点上的"缩放"属性的XYZ数值加大，从而实现密集的纹理效果（见图5-52）。

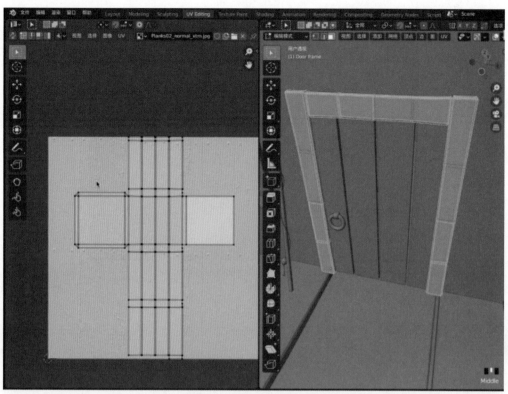

图5-50　门框UV与贴图的对应

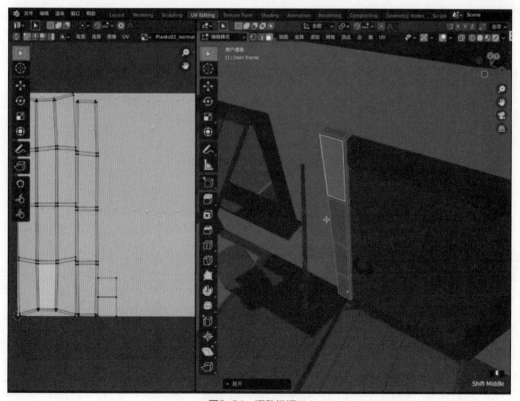

图5-51　调整门框UV

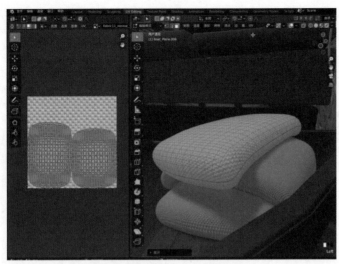

图5-52　调整麻袋的法线贴图效果

2. 黑白贴图控制材质的数值变化

在Blender中，"原理化BSDF"材质节点上大多数的属性都可以使用贴图对数值进行灵活的控制。这些数值从0到1的变换，可以转化为从黑到白的图像明度变化，并结合UV坐标实现模型表面更加精准的视觉效果控制。

以"原理化BSDF"的糙度值为例，数值越接近0，则物体反射的效果越强、高光越锐利；相反，数值越接近1，则物体反射的效果越弱、高光越模糊柔和。将一张木纹黑白图片导入"着色器编辑器"中，并连接到"原理化BSDF"的"糙度"属性上。此时，可以在"3D视图"中看到，木板模型的高光出现了一些细节的差异化变化（见图5-53）。

图5-53　增加贴图控制糙度与高光效果

5.2.6 次表面散射

在2.3.1小节中给大家介绍过次表面散射的概念，这种半透明的效果适用于本场景中棕榈树叶的表现。在"原理化BSDF"中，影响次表面散射效果的属性有5个，需要重点关注的有3个（见图5-54）。

次表面反射

图5-54　次表面相关参数

（1）次表面

控制次表面散射的强度，默认值为0，即不产生次表面散射。

（2）次表面半径

该下拉列表中有三个数值，分别代表RGB三个通道的强弱。将某一通道的数值调大，则次表面散射对应红、绿、蓝颜色倾向就会更明显。在本案例中，将G通道数值调大，可以观察到次表面散射出的颜色会泛绿（见图5-55）。

图5-55　调整次表面半径

（3）次表面颜色

控制的是次表面散射强度大时物体固有色的效果。将树叶的次表面颜色设置为较为鲜亮的绿色，移动点光观察，叶片在灯光照射下会半透出鲜绿色（见图5-56）。次表面颜色也可以使用随机化颜色的技巧，让不同叶片的次表面颜色呈现出更丰富的变化。

图5-56　调整次表面颜色

5.2.7 任务练习

（1）观看视频教程，复习5.2节的内容。

（2）完成海洋小屋案例制作。

① 制作水体材质。

② 为木板和树叶创建有颜色差异的材质。

③ 用贴图控制材质，给材质增加更多的细节。

④ 制作世界环境。

5.3 本章总结

　　至此，读者已经初步掌握了Blender中UV展开、贴图制作、材质制作的基础知识。Blender能够为模型赋予丰富多变的材质，而制作这些材质的基础就是我们本章所讲解的内容，在此基础之上，可以在下面的章节中去学习和探索更多数字艺术表现力的方法。

　　在本章的讲解和案例的实践后，读者需要掌握以下内容。

（1）初步理解UV、贴图、材质的概念。

（2）为模型设计较合理的UV展开方式。

（3）对模型进行贴图。

（4）制作水体材质。

（5）创建具有渐变色的世界环境。

（6）通过随机化颜色为使用同一材质的物体制作颜色差异的效果。

第 6 章

PBR材质基础

　　材质是三维数字艺术创作中的重要环节，好的材质制作能够起到画龙点睛，赋予模型灵魂的作用。本章将系统性地讲解 PBR（Physically-Based Rendering）材质知识，介绍不同贴图的使用方法及其对材质带来的不同效果，学习 Blender 的纹理绘制技术，并进一步学习"着色器编辑器"中的一些节点编辑技巧。

　　PBR 意为基于物理的渲染，是一套材质贴图和灯光渲染的制作流程，能够更真实地表现质感、光感的相互作用，擅长表现写实的材质。PBR 材质是基于物理渲染的材质，模拟照片的真实感。在 PBR 材质的制作流程下，一般通过基础色（Albedo）、金属度（Metallic）、高光度（Specular）、糙度（Roughness）等属性来影响"原理化 BSDF"，最终得到和物理世界接近的颜色或质感。实现 PBR 材质的核心思路就是利用不同类型的贴图模拟真实物理材质。

- **学习目标**

1. 理解 PBR 的概念、核心流程及实现方式。
2. 熟练掌握贴图制作高级技巧，并熟练记忆相关操作的快捷键。
3. 熟练掌握法线贴图与 AO 贴图烘焙的技巧。
4. 理解各材质贴图效果及其原理，如法线、alpha、AO 等。
5. 理解模型材质设计思路，逐渐养成对立体模型材质提前设计构想的思考方式。
6. 灵活使用本章的知识，完成模型材质基础实践。

🖊 **逻辑框架**

PBR 材质的制作，需要借助不同通道贴图和节点设置配合实现，这个过程也是本章核心的学习内容。在学习框架阶段，可将其拆解为以下 3 部分，易于快速理解（见图 6-1）。

思：借助模拟目标物体的多角度实物参考图，结合对模型物体的多角度观察，构思出大体呈现效果及所需的技巧与贴图。

铺：灵活利用 Blender 插件与不同通道的贴图对模型进行初步处理，使模型呈现出基础效果，如大体颜色、光泽等。

精：通过对比参考图，正确、快速、精准地对模型材质细节进行处理，如对贴图调色、对纹理绘制等，使模型的呈现贴近真实效果。

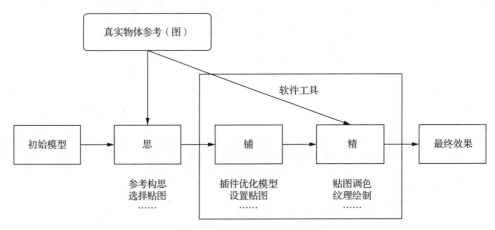

图6-1 PBR材质制作思维导图

6.1 PBR材质连接

本节将对PBR进行系统的介绍，并通过两个完整案例讲解贴图连接的高级技巧，以及不同类型贴图带来的不同效果及其原理。同时通过PBR材质贴图制作的全过程，复习世界环境设置等知识点。通过本节的学习，读者可以更细致地对日常生活中的物体进行观察，并拆解其材质效果，从审美感知和理性分析的双重角度，将真实物体在脑海中转换成不同的贴图效果，并选定合适的贴图，对物体进行建模及材质连接实践，提高对建模及PBR材质的深入理解。

6.1.1 绿洲遗迹贴图案例

在第5章海洋小屋案例中，我们学习了利用法线贴图来实现模型细节上的肌理效果。本小节将以绿洲遗迹的贴图制作为例，进一步讲解基础色、高光度、法线（Normal）、金属度、糙度、透明度（Alpha）等不同类型贴图的使用方法，并回顾环境打光。本小节从新建材质开始，利用贴图对绿洲遗迹不同模块进行的材质设置和后期打光对材质的调整，让绿洲遗迹整体呈现出逼真的效果。

绿洲贴图案例

1. 贴图高级技巧

（1）快速导入

"Shading"面板左上角的"文件浏览器"窗口提供了贴图快速导入的方法。在该窗口中选择本项目所在的路径，便可统一查看所有贴图资源的缩略图与文件名（见图6-2）。后缀"_albedo"代表基础色,"_AO"代表环境光遮蔽,"_emition"代表自发光,"_normal"代表法线,"_opacity"代表透明度,"_roughness"代表糙度。当需要使用对应的贴图时,可直接在"文件浏览器"窗口中将所需贴图拖入"着色器编辑器"面板中方便使用。

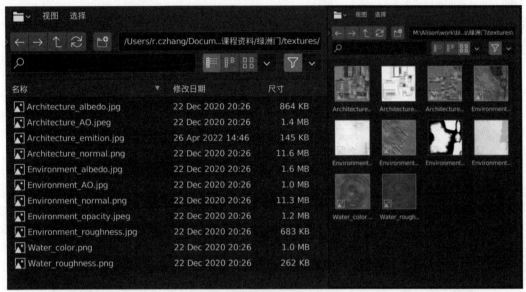

图6-2　"文件浏览器"窗口

（2）贴图节点连接：基础色与法线

首先选中场景中的地面模型,在"着色器编辑器"中新建材质并将其命名为"huanjing"。接着将基础色（Albedo）贴图和法线（Normal）贴图直接拉入节点编辑面板（见图6-3）。

图6-3　固有色贴图（左）和法线贴图（右）

小贴士

当我们新建材质时一定记得为该材质命名,这里可以是物体的名称或者自己认为方便记得住的名字,正如 Adobe Photoshop 和 Adobe Illustrator 等软件的图层一样,为不同材质命名可便于管理,方便后期调整和定位,这一习惯在大型项目中显得尤为重要。

对于固有色贴图,将该"图像纹理"节点的"颜色"连接至"原理化BSDF"着色器的"基础色"。对于法线贴图,需要使用组合键Shift+A添加一个法线贴图"图像处理"节点,并将贴图的"颜色"输出连到"法线贴图"节点的"颜色"输入上,再将"法线贴图"节点的"法向"输出与"原理化

BSDF"的"法向"输入相连（见图6-4）。同时，要注意将法线贴图"图像纹理"节点中的"色彩空间"切换为"Non-Color（非彩色）"。现在，可以在"3D视图"中看到地面模型呈现出了沙地的效果，并且在法线贴图的影响下，沙地在基础色上也有了一些凹凸的效果。

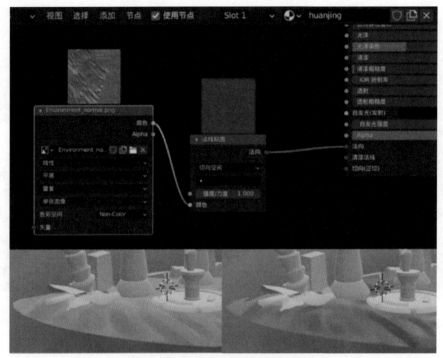

图6-4　法线贴图连接方法及前后效果对比

（3）贴图节点连接：透明度与糙度

这个步骤依然以环境沙地为例，介绍透明度贴图和糙度贴图的节点连接。首先，将透明度（Alpha）贴图和糙度（Roughness）贴图直接拉入节点编辑面板（见图6-5）。

对于透明度贴图，使用"图像纹理"的"颜色"信息连接到"原理化BSDF"的"Alpha"输入点上。图6-5左图中黑色遮罩的部分会作为透明区域隐藏，而白色部分则会作为实体显示。然后，需要切换到模型的材质属性下，在"设置"下拉菜单中，把"混合模式"从"不透明"改为"Alpha Hashed"，即可在"3D视图"中显示正确的透明效果（见图6-6）。

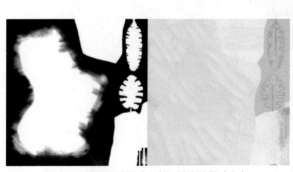

图6-5　透明度贴图（左）和糙度贴图（右）

图6-6　透明及贴图设置混合模式方法及前后效果对比

对于糙度贴图，首先需要明确图像黑白信息与反射效果的关系。图6-5右图中，可以明显地看出偏白、偏灰的颜色明度倾向，产生作用时，明度越低，产生的反光越强。白色部分代表着糙度值大，其明度值接近于1，作用在模型上的反光较弱；灰色部分在明度数值上的变化为0.5～0.75，糙度比白色部分低。将糙度贴图的"图像纹理"的"颜色"输出连接到"原理化BSDF"的"糙度"输入处，即可在"3D视图"中看到模型反光的变化。还可以在两个节点的连线间新建一个"亮度对比度"节点，便可以快速调整"图像纹理"的亮度和对比度，并借此改变材质的反光效果。沙地的材质贴图效果完成后，可选中场景中的棕榈树、石头等与沙地共用同一UV的物体，并关联材质。

（4）贴图节点连接：AO贴图

在环境光遮蔽（Ambient Occlusion，AO）贴图中，可以清晰地看到体积和细节阴影的明暗对比关系。使用时，常将其和基础色进行叠加（类似Adobe Photoshop中使用素描关系或阴影效果对下方的图层做正片叠底），为物体的基础色增加明暗对比，丰富细节。这里，将以建筑材质为例，介绍AO贴图的节点连接方法。

参照环境模型的材质连接方法，给建筑组件也进行贴图连接。在完成"基础色"属性的贴图连接后，可以使用Shift+A新建"混合RGB"节点，并将基础色贴图与AO贴图分别连接于"色彩1"和"色彩2"上。"混合RGB"的合成逻辑与"混合着色器"类似，都是计算"色彩2"对"色彩1"的影响结果，并由"系数"控制"色彩2"影响的强弱。连接完成后，在"混合RGB"下拉菜单中将混合模式从默认的"混合"改为"正片叠底"，并勾选"钳制系数"复选项，将"系数"调为"1.000"，即可完成AO贴图的连接设置。此时，可以在"3D视图"中观察到建筑模型的色彩对比度得到明显提高，并且在一些模型结构的转折处出现了阴影效果的细节（见图6-7）。

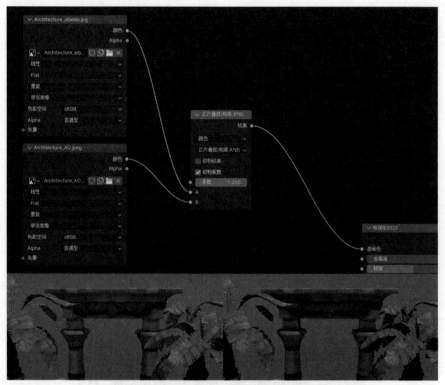

图6-7　AO贴图连接方法及设置前后效果对比

小贴士

　　想要查看贴图效果前后效果对比时，可以直接选中想要查看对比的节点，然后按 M 键即可实现节点作用或不作用的效果切换。

（5）细节处理：屏幕空间反射

绿洲遗迹场景中间有一个水洼，可以给水洼平面单独建立一个材质，并将水面的基础色贴图和糙度贴图进行连接，随后调整材质的金属度和高光，使水体呈现出较为锐利的反射。接着，在渲染属性面板中勾选"屏幕空间反射"复选项，让水体反射更加逼真，同时也增加整体场景的明暗光影反射细节（见图6-8）。

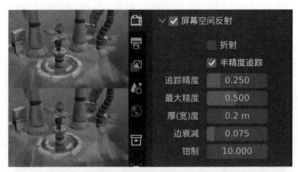

图6-8 "屏幕空间反射"设置及前后效果对比

2. 光影与质感调整

将"3D视图"显示切换成"渲染预览"，使用组合键Shift+A在场景内添加一盏"日光"灯，调整角度模拟阳光直射的观感，并在灯光属性中将灯光的强度调为1.5，加强场景的亮度。此时，我们发现棕榈树的叶片因打光显得闪亮，而有点类似金属质感。由各贴图效果可判断，需要对糙度贴图的明暗对比进行调整。可以在糙度贴图的"图像纹理"节点与"原理化BSDF"着色器节点的连接间添加"亮度/对比度"节点，并调整参数提高亮度降低对比度，以得到更加柔和、真实的高光效果（见图6-9）。

图6-9 调整前后效果对比

观察日光下的叶片阴影会发现，叶片镂空处仍有投影，这是由于阴影的渲染并没有计算Alpha通道所致。此时，需要切换到材质属性面板，在"设置"属性面板中单击"阴影模式"和"混合模式"右侧的下拉按钮，选择"Alpha Hashed"选项，以改变阴影映射方法，从而解决这个问题（见图6-10）。

图6-10 叶片阴影调整前后效果对比及参数设置

小贴士

在连接材质贴图时，涉及 Alpha 通道的需要注意材质属性下的混合模式选择，只有选择相应的混合模式才会得到正确的透明效果。

6.1.2　树人贴图案例

本小节将以树人的贴图连接作为案例，再次回顾6.1.1小节中的贴图连接方法，着重理解AO贴图的使用方法与效果控制；同时，通过此案例学习金属度贴图和自发光贴图（见图6-11）的连接。

树人贴图案例

图6-11　金属度贴图（左）和自发光贴图（右）

1. AO贴图的细节增色

本案例的树人模型拥有丰富的细节，虽然模型面数不多，但在众多类型贴图的增色下，模型能够呈现细腻的视觉效果。首先，可以根据6.1.1小节学习的方法为树人连接好法线贴图，得到图6-12左图所示的效果。接着，将AO贴图导入，并将"颜色"连至"原理化BSDF"着色器上，得到素色模型直观的素描效果（见图6-12右）。AO贴图让树人身上类似肌肉感的树皮结构变得非常立体，其效果在此案例中十分明显。AO贴图可以在Blender软件中通过"烘焙贴图"获得，从而将多边形模型的丰富细节以图像的方式附着在简单的多边形模型UV上，该制作技巧将在本书的后续内容中讲解。

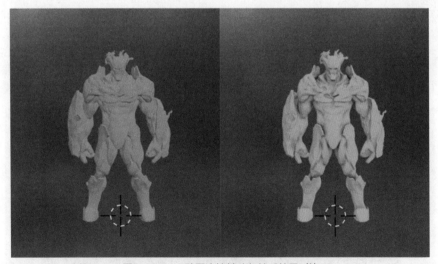

图6-12　AO贴图连接基础色前后效果对比

接下来，按照6.1.1小节所讲解的连接方法，混合基础色贴图和AO贴图，连接糙度贴图，同时可以添加"亮度/对比度"节点对各贴图进行单独的参数调整，以获得更加丰富的质感。

2. 金属度贴图和自发光贴图

对于金属度贴图，观察贴图本身的视觉效果（见图6-13左）可以发现，贴图以黑白亮度信息来定义模型表面金属质感的强弱，贴图中越白的部分反光越强，反之越弱。直接将"图像纹理"节点的"颜色"连接至"原理化BSDF"着色器节点的"金属度"，随后，贴图上白色区域的高光效果就与黑色区域的暗淡效果形成了对比，让树人的身体呈现出坚硬的金属质感（见图6-13左）。

对于自发光贴图，同样先观察贴图本身的视觉效果（见图6-13右），可以发现贴图大体部分为黑色，而在一些局部区域有高亮的青绿色，这些局部区域通过UV对应到树人模型的面部、前胸等部位，而高亮的青绿色则控制这些区域的青绿色调自发光效果。使用时，可直接将自发光贴图的"颜色"输出直接连至"原理化BSDF"的"自发光（发射）"输入点，并通过调整"自发光强度"数值来控制发光效果的强弱。除此之外，还需要在渲染设置下勾选"辉光"复选项以在"3D视图"开启辉光效果的渲染。

树人模型在连接了金属度贴图与自发光贴图后，呈现出了细腻的高光质感和内发能量的强悍感，显得亦真亦幻、栩栩如生。

图6-13　金属度贴图与自发光贴图的效果对比

3. 节点排版

树人的材质贴图连接已开始变得较为复杂，涉及基础色、AO、金属度、糙度、法线、自发光6张纹理贴图的输入与调整。在创建节点时，需要再对这些节点进行合理的排版，在各节点之间保持一定的间距（见图6-14）。也要尽量避免节点连接线的无序交叉，避免节点数量不断增多时出现混乱。

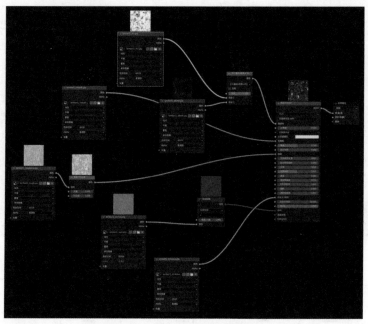

图6-14　保持节点间的合理间距

6.1.3　贴图类型及使用方法小结

通过绿洲遗迹和树人两个案例的学习，我们能够直观地认识到贴图对三维视觉效果的巨大提升。为了方便读者记忆PBR流程下各类贴图的效果及使用方法，下面以表格的形式进行了总结（见表6-1）。

表6-1　贴图效果及使用方法

贴图类型	效果	使用方法	其他
基础色（Albedo）	使模型上色	将贴图节点的"颜色"输出连接至着色器节点的"基础色"输入	可添加"色相/饱和度"节点、"亮度/对比度"节点对其进行调整
环境光遮蔽（AO）	增强模型结构间的阴影细节	使用"混合RGB"节点将其与基础色贴图进行正片叠底或叠加	可添加"亮度/对比度"节点对其进行调整
金属度（Metallic）	用黑白信息控制金属高光与反射的范围	将贴图节点的"颜色"输出连接至着色器节点的"金属度"输入	可添加"亮度/对比度"节点对其进行调整
糙度（Roughness）	用黑白信息控制高光与反射的强弱	将贴图节点的"颜色"输出连接至着色器节点的"糙度"输入	可添加"亮度/对比度"节点对其进行调整
法线（Normal）	用RGB通道控制模型的凹凸效果	添加"法线贴图"节点，衔接在贴图节点与着色器节点中间	将贴图节点的"色彩空间"从"sRGB"改为"Non-color（非彩色）"
透明（Alpha）	用黑白信息或Alpha通道控制透明度变化	将贴图节点的"颜色"或"Alpha"输出连接至着色器节点的"Alpha"输入	注意将材质属性设置中的"混合模式"及"阴影模式"改为"Alpha Hashed"
自发光（Emission）	用颜色和亮度信息控制自发光效果	将贴图节点的"颜色"输出连接至着色器节点的"自发光（发射）"输入	调整"自发光强度"数值来调节自发光的强度，并在渲染设置中打开"辉光"

6.1.4　任务练习

观看教学视频，复习本节的知识点，完成绿洲遗迹、树人案例的材质制作实践，并熟练掌握下列知识点。

① 掌握贴图快速导入技巧、命名规范。

② 熟悉各类贴图的使用方法，掌握各节点的连接方法。

③ 掌握贴图调色的方法和技巧。

PBR材质绘制与节点编辑实践

本章前面的内容介绍了PBR材质贴图的概念及流程操作方法。熟练掌握后，能够大大加快制作写实材质的效率。接下来，我们将在Blender中完成一个完整的贴图绘制、材质连接的案例，更加全面地学习PBR材质的设计与制作流程。

6.2.1　金龙材质制作思路

在开始动手实践之前，需要先厘清材质贴图设计与制作的基本思路，以避免直接开始后，反复尝试却找不到确切效果的尴尬境地。

这里，以第4章数字雕刻中完成的唐代文物"鎏金铁芯铜龙"模型为基础，继续完成它的PBR材质制作。首先，需要对案例材质的整体效果进行定义。再次观察参考图6-15，龙身表面镀金，整体呈现金属华丽厚重的质感，这将是本案例的核心目标。

图6-15 鎏金铁芯铜龙参考图

接着，再聚焦到材质的细节方面。龙身的金属并不是锃亮的高反光效果，而是整体呈现哑光，局部有黑色的锈迹。因此，材质整体应该是一个糙度值较大的金属。材质的主体应是金色，局部可通过使用"混合着色器"的黑白遮罩贴图来得到一个更哑光的黑色锈斑材质。

最后，再为金龙的身体增加环境色的影响，通过"菲涅尔"节点混合一些环境色，最终完成PBR的材质制作。

6.2.2 法线与AO烘焙

在PBR材质流程中，超写实、高保真是较核心的制作目标。通过数字雕刻完成的模型能够保留充足的细节，但也会因为面数较多而占用大量的硬件资源，降低在贴图绘制和材质节点编辑时的反馈效率。因此，需要使用贴图烘焙方式，将高模的细节制作成法线和AO贴图，贴至面数较低的低模上。这一思路常用于游戏美术资产的制作流程中。

02_法线与AO
烘焙

1. 重建拓扑

"重建拓扑"与本书在第4章中介绍的"重构网格"类似，不同的是"重构网格"完成后的模型拓扑结构比较单一，且布线不能根据模型的结构和走势进行灵活变化，尤其对于要进行绑定和动画制作的模型，简单地使用"重构网格"无法获得能够用于后续制作的良好拓扑结构。

在此，笔者为大家介绍一款应用于Blender软件中的第三方插件——Quad Remesher，借助这个插件的算法，能够快速获得布线结构更加合理的简模素材。成功安装插件后，可以通过快捷键N打开"3D视图"的扩展选项卡，并找到插件面板"Quad Remesher"。在插件面板中，需要重点关注以下几个参数的设置。

Quad Remesher
重建拓扑

（1）设置四边面数量：这个数值控制的是插件生成后物体的四边面的总数，数值越大，生成模型的细节越丰富。

（2）通过角度检测硬边：这个复选项控制的是插件是否根据模型表面的转折而自动识别并标记"锐边"。在前面的内容中，本书详细介绍过"锐边"的概念，它能够在模型平滑着色时保留锐利的转折效果。

（3）对称轴：选择正确的对称轴，能够获得左右镜像的拓扑结构。当然，前提是选中的模型必须保持在世界坐标的中心位置。

以龙头为例，将设置"四边面数量"选为"2000"，将Y轴设置为对称轴，并确保在"物体模式"下选中龙头模型且应用所有修改器。单击插件面板的顶部"< <一键拓扑> >"按钮，即可快速完成"重建拓扑"的计算。重建后，能够发现"四边面密度值"明显下降，但布线科学合理，紧密地贴合了龙头的大小结构（见图6-16）。

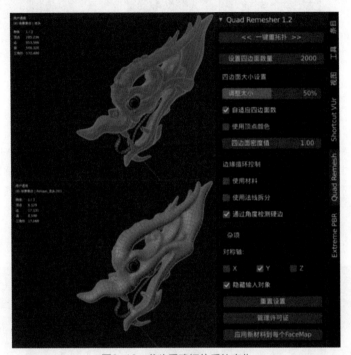

图6-16　龙头重建拓扑后的变化

小贴士

在使用"Quad Remesher"插件重建拓扑时，难免会出现因计算复杂、计算机软硬件无响应等问题而出现软件系统中断的情况。因此，在计算时，要有意识地及时对文件进行"保存"或"另存为"。

2. 法线贴图烘焙

法线贴图是利用RGB三个通道的黑白信息来模拟物体表面结构和细节的受光情况。烘焙是将高精度模型信息转换成平面贴图信息，并记录离线渲染的过程。

（1）检查分组：首先，要将金龙模型的高低模分组。在"大纲视图"中，将高低模分别放在名为"high"和"low"的集合里。当然，也可以在模型名后添加后缀来区分高模和低模。高低模的分组或命名方式至关重要，因为如果选择烘焙时的顺序反了，就无法得到正确的结果。

（2）低模UV编辑：要将高模的细节信息烘焙成贴图并贴在低模上，那么低模的UV就必须是展开的状态，这是一个重要的前提。在这里，打开"UV Editing"面板，使用面选择组合键3+A全选所有面，接着直接使用UV菜单中的"智能UV投射"得到龙头UV的快速展开效果（见图6-17）。这是一个简单、粗暴的UV展开方法，仅作为案例教学使用。在实际项目中，更建议大家使用自定义缝合边的方式对UV进行合理的切割和展开，可以得到更加科学、合理的UV效果。

（3）新建空白贴图：切换至"Shading"面板，选中龙头低模并新建一个材质。在"着色器编辑器"中，新建一个空白的"图像纹理"节点。单击"新建"打开对话框，输入一个文件名（可以使用_NM或_normal作为后缀，以表明法线贴图的类型），并将图像的长、宽均设置为2048px（像素）。

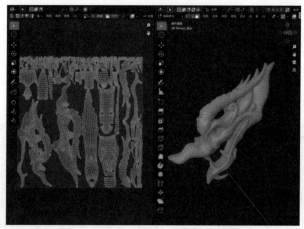

图6-17　UV Editing面板下UV智能投射展开过程图

（4）烘焙：在渲染属性 下，将渲染引擎切换为"Cycles"。打开"烘焙"下拉菜单，将"烘焙类型"选为"法向"。勾选"所选物体—>活动物体"复选项，这个选项代表烘焙中重要的逻辑即法向信息会从先被选中的物体（高模）传递到后被选中的物体（低模）上（见图6-18）。在"烘焙"菜单中单击"烘焙"按钮，系统便会开始进行计算。

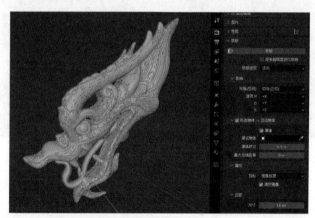

图6-18　烘焙法线贴图的主要设置

（5）保存烘焙后的贴图：烘焙完成后，就可以在"Shading"面板左下角的"图像编辑器"中查看烘焙完成的法线贴图。此时通过"视图"边的 按钮选择图像，将压缩值降为0%，"颜色"选择"RGB"，把烘焙出的贴图保存为PNG图像。接着，通过前文中所学习的法线贴图使用方法，将法线烘焙的贴图应用到模型上看到更明显的效果（见图6-19）。当然，要注意将"图像纹理"节点中的"色彩空间"改为"Non-color（非彩色）"。

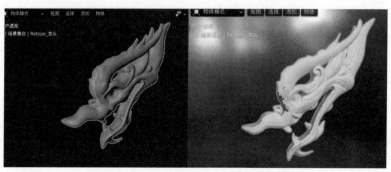

图6-19　应用烘焙所得法线贴图前后效果对比

3. AO贴图烘焙

与法线烘焙一样，AO烘焙可以让高模的细节素描关系以贴图形式展现在低模上，烘焙的5个主要步骤也和法线烘焙基本一致，只需将"烘焙类型"从"法向"改为"环境光遮蔽（AO）"即可。烘焙完成后，保存AO贴图，并将其连接至着色器的"基础色"属性上，就可以直观地在低模上看到高精度模型的视觉效果（见图6-20）。

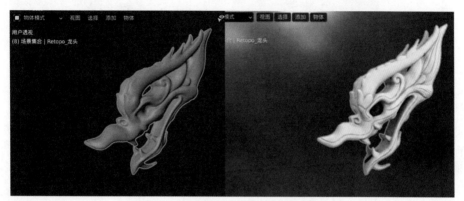

图6-20　应用烘焙AO贴图前后效果对比

4. 烘焙瑕疵修复

对于复杂度较高的模型，使用贴图烘焙时，可能会出现一些图像瑕疵。有时是因为模型组件之间的穿插、或UV展开时的重叠而导致的问题。本小节我们将使用"纹理绘制"模式对其进行修复。

首先，只连接当前要修改的贴图，然后切换到"Texture Paint"面板。左侧为"图像编辑器"，右侧为"纹理绘制"模式的"3D视图"，我们可以直接使用画笔工具在三维物体上对贴图进行绘制和修改。

烘焙瑕疵修复

在"3D视图"左侧的工具栏中，选中"涂抹"工具，与数字雕刻一样，按F键可以调整画笔大小并单击"确定"按钮，或使用快捷键{或}对笔刷大小进行快速调整。调整好笔刷大小后，打开镜像对称，并开始涂抹绘画。设置完成后即可直接针对有瑕疵的位置从没有问题的地方向有问题的地方进行涂抹，如一些明显的接缝瑕疵处。对于接缝瑕疵处，如无法很好地修复，还可以使用"柔化"进行光滑模糊的处理（见图6-21）。除了在"3D视图"下进行涂抹外，也可以通过画笔工具在左边页面对贴图颜色不对的地方直接进行涂抹或者柔化。修复瑕疵时要有耐心，使用上述方法对有问题的贴图逐张进行修复，切忌随意涂抹（见图6-22）。另外，可以在前序UV展开的时候尽量减少接缝。

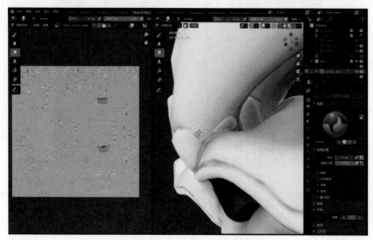

图6-21　瑕疵修复过程图

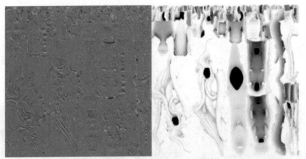

图6-22　法线贴图及AO贴图修复后的展示图

6.2.3　贴图调色

贴图调色节点

完成法线贴图和AO贴图后，金龙的低模也拥有了更逼真的细节，完成了PBR材质制作的基础性搭建。从本小节开始，将讲解贴图调色和混合节点的设置方法。在开始制作前，需要对金龙的质感进行分析，研究它的物理特性，并将其在Blender中还原出来。"鎏金铁芯铜龙"顾名思义，这件文物的底是铁胎，表层是金。因此，我们主要使用两种金属材质：一种是较哑光的黑铁，另一种是较亮光的金。

首先，从黑色哑光金属开始。在"Shading"面板左上角将提前准备好的素材文件夹"2K_Dirty_gold_01"打开，快速导入基础色贴图、金属度贴图、法线贴图、糙度贴图。准备就绪后，开始对贴图节点进行连接，从基础色贴图开始。这里并不是直接将其连接至基础色，而是通过"混合RGB"节点与原本的AO贴图进行"正片叠底"，以此得到在颜色上叠加AO的效果。紧接着为基础色贴图与"混合RGB"节点的连线上添加"色相/饱和度"节点，对贴图本身的颜色进行控制，可以通过降低明度和饱和度：将"值（明度）"调整到0.4，"饱和度"调整到0.5；调整色相：将"色相"调整至0.4，使其整体偏红（见图6-23），以此打造出铁锈的质感。

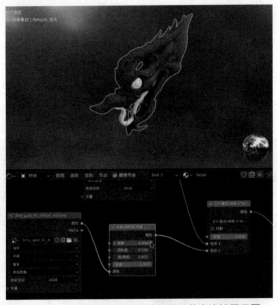

图6-23　基础色贴图调色后的效果及节点连接展示图

接着，将金属度贴图、糙度贴图连接至着色器的"金属度"和"糙度"属性。连接后，可以看到图像疤痕区域的高光较弱，而其他区域则较亮，有一种自然金属表面的腐蚀变化。但当前默认的图像明度产生的高光效果仍然较强，并不需要整体效果如此高亮，而是希望更有金属的年岁感、斑驳感，于是就需要对贴图进行调色。根据糙度贴图的原理，贴图的明度值越大、图像越亮，金属哑光效果越好；相反，贴图的明度值越小，图像越黑，金属越高亮。这里需要将贴图调亮。与基础色贴图调色类似，在连线上添加"亮度/对比度"节点，并同时调整两个参数：将"光度"调整至0.5000，"对比度"调整至0.7000，以达到哑光的效果（见图6-24）。

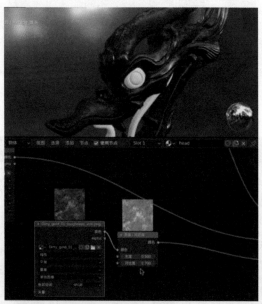

图6-24　糙度贴图调色后的效果及节点连接展示图

完成黑色哑光材质基础设置后，进入材质亮金部分。首先，创建一个新的着色器"原理化BSDF"，再快速导入提前准备好的文件夹"2K_Metal07"中基础色贴图、金属度贴图、糙度贴图。与黑色金属材质一样，在连接基础色贴图时又要再次用到之前的AO贴图，同样进行正片叠底再连接至基础色；金属度贴图直接连接至金属度；糙度贴图直接连接至糙度属性。通过"3D视图"可以看到此时贴图的控制出现了和上一个材质一样的问题，即整体材质过于高亮。于是，同样需要添加一个"亮度/对比度"节点进行贴图调整，同时调大两个参数：将"光度"调整至0.5000，"对比度"调整至0.7000，做出哑光金效果。最后将烘焙所得的法向贴图连接至新的着色器上，完成亮金材质基础设置，效果及整体节点连接如图6-25所示。

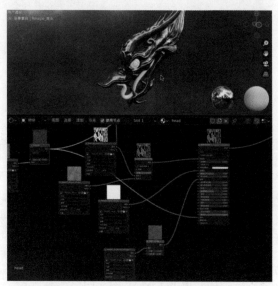

图6-25　亮金材质效果及节点连接展示图

6.2.4 材质混合

1. 混合着色器制作混合效果

此时，可添加"混合着色器"对前面完成的两个不同的金属效果材质进行混合。当混合器系数为1时，黑色哑光金属起作用；当混合器系数为0时，上层的亮金起作用。这时初步完成了对两种材质的混合效果。

材质混合

2. 利用贴图控制系数

为了实现真实自然的金属腐蚀效果，可以通过一张细节丰富的肌理贴图来控制"混合着色器"的系数。在"着色器编辑器"中，拖入一张贴图连接到"混合着色器"的系数，就会得到一个大致的斑驳效果（见图6-26），贴图白色部分示意着系数越大，深色部分示意着系数越小。

图6-26 贴图控制系数效果展示及节点连接图

6.2.5 纹理绘制

然而，简单使用现成的贴图素材进行材质混合是不精确的，因为图像上的黑白区域并不能很好地对应到金龙表面的具体结构。在这里，可以进行自定义的贴图纹理绘制加工来提升材质混合的效果。

纹理绘制

1. 新建纹理

首先，使用组合键Shift+A创建一个空白的"图像纹理"节点，单击节点上的"新建"按钮，为贴图命名、并将长、宽均设置为2048px，颜色设置为黑色。将"图像纹理"的"颜色"输出属性连接到"混合着色器"的"系数"上。接着，在"Shading"面板左下角的"图像编辑器"中选择这张新建的黑色贴图，并在■按钮中选择"图像-保存"，存储为JPEG格式。

2. 纹理绘制

接下来，将面板切换到"Texture Paint"，在"纹理绘制"模式下用笔刷来绘制贴图以实现自定义的材质混合效果。此时，控制混合系数的贴图为全黑，那么"混合着色器"的第二个材质的混合效果为0。对于金龙，整体材质的效果是以亮金部分为主的，因此最好将目前的黑色金属的混合效果设置为0，再使用白色在控制系数的贴图上进行绘制，让白色部分控制黑色金属材质的显现程度。这是效率较高的做法。

在"纹理绘制"模式的"3D视图"工具栏中，选中"自由线"（图标为✍）画笔，将颜色设置为白色，准备开始绘制。将渲染设置中的环境光遮蔽和辉光关闭，排除其效果带来的干扰并降低硬件消耗。绘画前，注意打开画笔设置中的对称。使用快捷键{、}来控制画笔的大小，在调整好之后，就可以动笔开始绘画了。可以仔细对照参考图观察金龙模型的凹凸纹路，沿着这些结构线在金龙表面进行绘制。此时，可以看到画笔描绘的白色区域露出了"混合着色器"底部的黑色金属材质（见图6-27）。

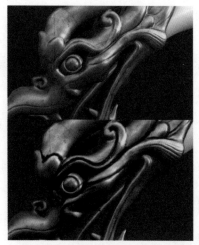

图6-27　绘制前后效果对比展示图

3. 反复切换面板并参数调整

在绘制混合系数贴图的同时，也需要随时根据实际情况对两个金属材质的参数进行调整，以达到更逼真的效果。在调整参数的过程中发现，前一步的绘制中许多细节处理并不到位，最终呈现的效果不佳，需要再次进行细节绘制。反复在"Shading"和"Texture Paint"之间切换并调整和绘制，可以更高效地达到预期效果。但需要特别注意的是，此时在金龙的案例中已经使用了数张贴图，切换到"Texture Paint"面板时，一定要确保选择了正确的贴图再进行绘制，避免破坏了其他贴图的效果。绘制完混合系数贴图后，也要及时在"图像编辑器"中进行保存，否则会丢失"纹理绘制"模式下所有的绘制工作。

6.2.6　镂版绘画

在6.2.5小节中使用"自由线"画笔能够大致绘制出黑色金属的显现区域，然而默认的"自由线"的圆形笔刷较简单，线条缺乏细节，完成的材质混合效果也较为机械。本小节中将使用"镂版绘画"模式来增加绘画的细节。

镂版绘画

1. 纹理绘制工具综述

在开始之前，先对常用到的"Texture Paint"面板进行一个基本功能的整体介绍。从图6-28中可以看到，该面板分为两大部分。左边是"图像编辑器"的"图像绘制"模式；右边是"纹理绘制"模式下的"3D视图"。两个面板的左侧都有一栏画笔工具。

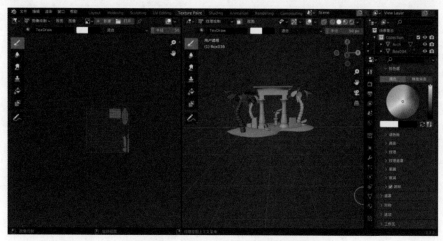

图6-28　"Texture Paint"面板示意图

关于画笔工具的名称、图标及其功能简介如表6-2所示。

表6-2　纹理绘制工具

名称	图标	功能简介
自由线		基础画笔工具，以线条的方式完成绘画过程，可改变画笔的颜色、笔刷像素效果
柔化		绘制过的区域，像素会产生自然的模糊效果，常用于处理生硬的边缘
涂抹		能在不同的颜色间产生自然的涂抹过渡效果，笔刷增大时会对硬件产生较大的消耗
克隆		类似Photoshop中的仿制图章工具，用以复制对应区域的像素
填充		实现快速的纯色填充
遮罩		实现快速遮罩控制
标注		自由创建标注

在了解了基本的工具后，再来看笔刷的基本控制与快捷组合键如表6-3所示。

表6-3　画笔操作与快捷组合键

操作	快捷组合键
设置笔刷大小	按F键并滑动鼠标设置或输入半径数值
设置笔刷强度	按组合键Shift+F并滑动鼠标设置
旋转笔刷纹理	按组合键Ctrl+F并滑动鼠标设置
反转笔刷切换	按Ctrl键

另外，本书也将对笔刷半径和笔刷力度/强度进行介绍，这两项设置可以在面板右侧属性菜单栏的画笔设置中进行设置。在"笔刷设置"下除对其大小可进行调节外，还有两项设置，分别为"压感区大小"和"使用统一半径"，具体如表6-4所示。

表6-4　笔刷设置

名称	图标	功能
压感区大小		如果用的是绘图板，则可以通过启用压力敏感度图标来影响笔刷大小
使用统一半径		在所有笔刷上使用相同的画笔半径/强度

2. 设置镂版

在了解后"纹理绘制"工具后，进入本小节的重点：对笔刷本身进行设置，为笔刷制作纹理。首先，在右侧的"笔刷设置"中找到"纹理"下拉菜单，单击"新建"按钮创建一个纹理，然后选择最后一个选项，即"在纹理选项卡中显示纹理"。接着，在设置中找到"打开"按钮，选择本次案例素材包中的"Rustymask.png"。

之后，回到笔刷设置下，再次找到"纹理"，将"映射"模式改为"镂版"，之后重置变换。这时，将笔刷拖回"3D视图"就可以看见它被激活变成了"Rustymask.png"图片。

那什么是镂版呢？其实可以将其与拓印做类比，在这里就是基于这张导入的贴图，并把图中的肌理效果拓印到模型上。镂版的重要操作可参见表6-5，读者可重点记忆这些操作技巧。

表6-5　镂版操作

操作	快捷 / 组合键
移动	按住鼠标右键拖动
旋转	Ctrl+按住鼠标右键拖动
缩放	Shift+按住鼠标右键拖动
重置变换	使用 ⌄ 图标按钮

3. 镂版绘制细节

接下来，将开始使用镂版绘制材质混合的细节效果。可将镂版稍微放大，并旋转至龙头的合适位置，再将笔刷调大到合适大小（见图6-29）。

调整好后就可在"3D视图"下进行绘制，使用镂版拓出一定的肌理效果。注意沿模型雕刻的结构走向来绘制细节，最好将镂版图像上的纹理与模型的结构和纹路走向保持一致。使用镂版绘制时，可以关闭画笔工具的镜像，得到不对称的更自然的肌理效果。镂版绘制区域的肌理效果会在系数贴图上呈现白色，因而会显露出下方的黑色金属效果。使用大范围镂版时可能会将白色的范围刷得过大，而导致金龙整体变得太黑，此时可以将画笔的颜色反转，用黑色再次覆盖，露出更多的金色区域。绘制过程中也可以结合材质节点，比如，降低黑色金属材质的亮度使得两个材质质感区分更加明显。借助镂版完成的材质混合效果细节较为丰富，更具真实感（见图6-30）。

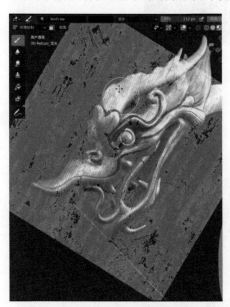

图6-29　镂版位置大小调整示意图

图6-30　纹理前后效果对比

6.2.7　法线贴图叠加

在设置PBR材质的过程中，为了获得更加逼真的效果，法线贴图的使用往往不止一张。本案例中龙头除了烘焙出的高模细节法线贴图外，还有金属材质本身记录肌理细节的法线贴图。很难只选择其中一张来与着色器进行连接，于是法线贴图叠加就非常重要了。

法线贴图叠加

创建"混合RGB"节点，再将高模细节的法线贴图和金属纹理的法线贴图分别连接到两个"颜色"输入点上，将模式由"混合"调为"叠加"，系数调为1.000，再将该"混合RGB"节点的"颜色"输出连接到"法线贴图"节点的"颜色"输入上，此时，通过RGB三个通道的叠加，高模雕刻凹凸结构和金属贴图本身的法线肌理就实现了融合，金属本身也具有了更多的细节凹凸质感（见图6-31）。对于法线贴图凹凸强弱的调节，可以通过"法线贴图"节点的"强度/力度"进行调节，也可以调整"混合RGB"节点上的"系数"控制法线贴图的叠加强弱。在材质整体设置上，让金色高亮处的凹凸变小，而黑色金属部分的凹凸更强，通过肌理效果的对比，使得材质整体细节更加丰富、视觉效果更加逼真。

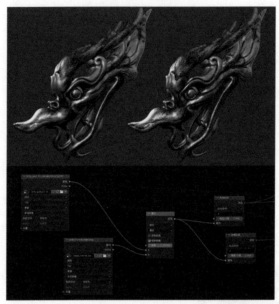

图6-31 法线贴图叠加前后效果对比及节点连接示意图

6.2.8 菲涅尔系数

在PBR材质设置中，使用"菲涅尔"节点作为系数来控制多个材质的混合，能够让模型材质的高光细节、反射效果更加逼真。但菲涅尔现象究竟是什么？如何设置和调整菲涅尔系数，本小节会进行详细讲解。

菲涅尔系数

1. 菲涅尔现象

简而言之，菲涅尔现象是某一物体在不同距离或不同观察视角下呈现出的不同的反射效果。对于金属、水体，菲涅尔现象表现得会非常明显。

仔细观察图6-32，将画面当作自己站在湖边观察的视角。不难发现，水面的反射从近到远呈现出递增的效果。在近处可以清晰地看到水底，水面没有太强的反射；但在远处，水面则反射出了岸边的树木和远处的山丘，镜面效果非常强，这就是菲涅尔效果在产生作用。水面反射的环境倒影在不同的距离、观察角度时，会产生强弱变化。

图6-32 真实的水面反射照片

2. 菲涅尔系数混合

在Blender中，可以使用"菲涅尔"节点来控制"混合着色器"的系数，以模拟物理世界中的菲涅尔现象。首先，使用组合键Shift+A创建一个"光泽BSDF"着色器，"光泽BSDF"与"原理化BSDF"相比，设置较为简洁，仅包含物体的颜色信息和光泽的糙度值（见图6-33），可以作为金属材质表现的快捷方法。

图6-33　光泽着色器选项面板（左）和菲涅尔节点选项面板（右）

接着，创建一个"混合着色器"节点，将最终的着色器节点输出和"光泽BSDF"着色器进行混合，将"混合着色器"连接到"材质输出"节点作为最终输出。"混合调色器"就控制了一个全新的金属材质和最终输出材质的混合效果。此时，可以创建一个"菲涅尔"节点来控制"混合着色器"的系数。

在"菲涅尔"节点上，可以看到"IOR折射"，这个系数数值控制的是反射的效果。"IOR折射"数值越大（且大于1.000），光泽影响范围就越大；接近1.000时，影响范围就变得非常小，仅在一些轮廓的区域作用；小于1时，"菲涅尔"节点控制的反射效果就从轮廓外转变为轮廓内。将"菲涅尔"节点正确连接后，可以更改设置并在"3D视图"中更直观地看到效果变化。在这里，想要实现龙头金属质感对环境色蓝色的一些局部的反射效果，可以将"IOR折射"的数值设置为1.250，增加了一些高光细节（见图6-34）。可以看到，"光泽BSDF"节点上还有一个"法向"输入，也就代表还可以用法线贴图去控制高光。此时，可以将之前使用的法线贴图连接到此处，使高光获得法线凹凸的细节。

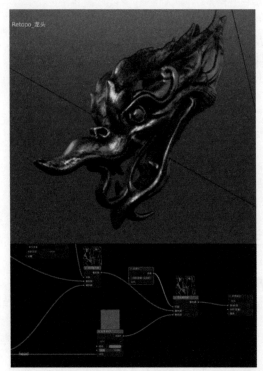

图6-34　菲涅尔系数设置完成后的效果图及节点连接示意图

3. 环境及渲染

使用"菲涅尔"节点实现材质混合后，可设置灯光和环境来查看最终的渲染效果。可在龙头一侧创建一个点光作为主光，再创建一个点光作为辅助光打在龙头的侧后方，并离物体稍远。然后，对世界环境进行设置，利用之前"海洋小屋"案例中所介绍的知识，使用HDR贴图给物体增加反射，并使用"光程"节点控制"混合着色器"的系数，将背景设置为蓝色渐变。接着，创建摄影机，通过锁定摄影机视角移动来寻找合适的拍摄角度。除了用Eevee渲染器外，也可以切换至Cycles渲染器，进行高品质的离线渲染，最终将得到质感细腻而真实的金龙，如图6-35所示。

图6-35　金龙龙头材质设置最终输出图

6.2.9　任务练习

（1）观看教学视频，复习6.2节的知识点，完成金龙PBR材质制作。

（2）熟练掌握下列知识点。

① PBR材质制作的思路与方法。

② 重建拓扑插件使用方法。

③ 贴图烘焙技术，以及烘焙瑕疵的修复方法。

④ 使用节点进行贴图调色的技巧。

⑤ 材质混合思路及混合着色器使用方法。

⑥ 纹理绘制思路及具体实现方法。

⑦ 镂版绘制方法及操作快捷键。

⑧ 法线贴图叠加思路及具体实现方法。

⑨ 菲涅尔现象概念及菲涅尔节点使用方法。

（3）拓展任务：根据所学的知识，自主完成金龙全身的PBR材质制作。

6.3　本章总结

通过本章的学习，读者已经初步理解了PBR材质制作流程及制作思路，并掌握了PBR材质制作技术。PBR材质制作流程的核心是使用基础色、金属度、糙度、法线等贴图，控制材质节点上的对应属性，来模拟表现真实世界中物体的颜色、质感和光感。其背后需要系统性的三维制作技术进行支撑，从构思设计到表现技术，包含着三维设计师对体积的理解、材质的理解，以及综合性的创意设计素养。

要想实现PBR技术的融会贯通和灵活运用，我们需要勤于观察、提高对大自然和生活的敏锐度；多积累，以提高自己的审美素养；当然，更重要的是勤于进行软件技术实践，养成对节点工具的使用习惯。

第 7 章

光照渲染系统基础

三维场景的光照对环境及物体的表现起到重要作用。渲染是三维制作的最终环节，通过渲染器将场景中的内容输出成最终的图像或动画。本章我们将系统性地讲解 Blender 的光照设置技巧和渲染技术。

- **学习目标**

1. 理解基本的布光步骤，掌握 Blender 中的三种光照类型。

2. 掌握三点布光法。

3. 理解 Eevee 渲染引擎和 Cycles 渲染引擎之间的区别，掌握两个渲染引擎的常用属性设置。

4. 灵活使用本章的知识，完成提梁壶的灯光渲染实践。

✎ **逻辑框架**

本章的内容包含灯光和渲染两个既相互独立，又相互联系的环节。在学习过程中，各位读者需注意二者的关联性，记忆某些灯光设置与渲染设置共同作用的效果，灯光渲染思维导图如图 7-1 所示。

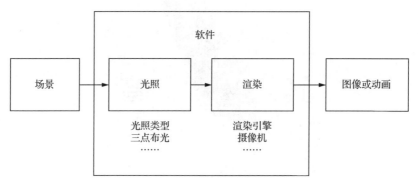

图7-1 灯光渲染思维导图

7.1 光照类型

在Blender软件中有3种光照类型，分别是世界环境、灯光和发光着色器。通常情况下，对已经完成建模的场景进行布光可以分三步进行。首先，为场景设置世界环境，使用HDR环境贴图产生环境光照；然后，根据预期效果添加合适的灯光；最后，根据有无自发光物体决定是否使用发光着色器。本节将对这3种光照类型依次进行介绍。

小贴士

查看灯光效果时，我们需要在"3D 视图"渲染模式上进行切换，以查看物体材质和灯光的效果（见图 7-2）。

图7-2 选择"渲染"模式

7.1.1 世界环境

在Blender中，"世界环境"影响整个场景的照明效果，通过编辑着色器节点进行控制。切换至"Shading"面板，单击"着色器编辑器"窗口左上角的"着色类型"，在下拉菜单中选择"世界环境"选项（见图7-3），即可编辑世界环境的着色器节点。

图7-3 选择"世界环境"选项

环境纹理

默认的世界环境设置是"颜色"为中灰的"背景"节点和"世界输出"节点的连接（见图7-4）。因此，在没有任何灯光的前提下切换到"渲染"视图，背景颜色为灰色。

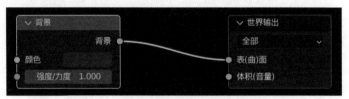

图7-4　"背景"节点和"世界输出"节点

"世界输出"节点用于将光的颜色信息输出到场景世界中。该节点具有两个输入接口，"表（曲）面"和"体积（音量）"。"表（曲）面"属性可以将背景和环境照明设置为固定颜色、HDR贴图或天空模型等；"体积（音量）"属性会让整个场景被雾或其他体积效果覆盖。

"背景"节点用于添加环境光。可以认为，环境光是从无穷远处的世界"表面"发射的。该节点具有两个输入接口，"颜色"和"强度"分别决定光线的颜色和强度。该节点的唯一输出接口"背景"只能与"世界输出"节点的"表（曲）面"相连。调整"背景"节点下的"颜色"，能够观察到场景受到相应的影响，如图7-5所示。

图7-5　将背景和环境照明设置为固定颜色（左）或HDR贴图（右）

小贴士

在执行这一步操作之前，要确保当前场景只受世界环境的影响，可以删除场景中的全部灯光对象，也可以在 Blender 右上角"大纲"视图中单击"在视图层隐藏" 👁 将灯光对象隐藏（见图 7-6）。

图7-6　将灯光在视图层隐藏

一般，添加"环境纹理"节点并加载HDR贴图控制"颜色"，会获得比单一颜色更加丰富的视觉效果。添加"环境纹理"节点的步骤：将鼠标悬停在"着色器编辑器"窗口中按组合键Shift+A调出"添加"菜单，或单击左上方的"添加"下拉菜单，然后将鼠标悬停在"纹理"选项上，在右侧级联菜单中单击"环境纹理"选项，或直接在"查找"搜索框中输入"环境纹理"，在查找结果中单击"环境纹理"，随后在空白处单击即可放置"环境纹理"节点（见图7-7）。

添加HDR贴图的步骤：单击"环境纹理"节点上的"打开"按钮，从本地选择一张HDR贴图，将"环境纹理"节点的"颜色"输出接口连接至"背景"节点的"颜色"输入接口，即可加载一张HDR贴图（见图7-8）。

图7-7 添加"环境纹理"节点

图7-8 "环境纹理"节点

在此，对HDR贴图进行简要介绍，并介绍HDR贴图和普通位图的区别。HDR是指可以实现高动态范围图像、视频或音频的技术。具体到图像领域，"动态范围"是指图像的最亮区域和最暗区域之间的亮度范围，"高动态范围"则意味着图像中的光照水平存在很大的变化。借助Blender的图像编辑器，可以对上文进行更加直观的讲解。单击Blender窗口左上角的"编辑器类型"，在下拉菜单中选择"常规"类型下的"图像编辑器"选项。打开一张位图，在任意一个像素点上单击鼠标右键，在弹出的快捷菜单中可以看到该像素点处的RGB通道值均不超过1.00000（见图7-9）。

R:0.87451 G:0.87451 B:0.87451 A:1.00000

图7-9 位图中某一像素点处的RGB通道值

打开一张HDR贴图，进行同样的操作，会发现存在一些像素点（尤其是图像中较亮部分的像素点）的RGB通道值远远超过了1.00000，这代表了这一像素点具有更高的能量（见图7-10）。

图7-10　HDR贴图中某一像素点处的RGB通道值

7.1.2　灯光

　　灯光影响其照明范围内的场景，通过调节"物体数据属性"控制。Blender中包含4种灯光，即点光、日光、聚光和面光。其中，日光属于全局照明，其余3种光（即点光、聚光和面光）都属于局部照明。添加灯光的步骤：按组合键Shift+A调出"添加"菜单，或单击视图左上方的"添加"下拉菜单，将鼠标悬停在"灯光"上，单击任意一种类型的灯光，即可在3D光标位置处创建对应类型的灯光对象。下面将分别介绍这4种光源各自的特点和属性。

小贴士

　　选中灯光类型，在右侧的"物体数据属性"面板中"灯光"选项区域下可以自由切换4种类型（见图7-11）。

图7-11　切换灯光类型

1. 点光

　　模拟物理世界中的点光会向各个方向发射出等量的光。因此，移动"点光"对其照明效果有影响，而旋转"点光"对其照明效果没有影响。点光属性面板如图7-12所示。

图7-12　点光属性面板

　　（1）颜色：决定灯光的颜色。

　　（2）能量（乘方）：决定灯光的亮度。

　　（3）漫射：控制灯光对物体漫反射（基础色）的照明影响度。

　　（4）高光：控制灯光对物体高光的照明影响度。

　　（5）体积（音量）：控制灯光对体积（如体积雾）的照明影响度。

　　通过对比图来理解"漫射"和"高光"的数值设置效果。图7-13展示了同一点光源在"漫射"和"高光"同时作用、只有"高光"作用、只有"漫射"作用下对大理石雕塑不同的照明效果。

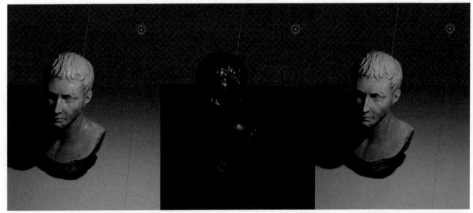

图7-13 "漫射"和"高光"同时作用（左）、只有"高光"作用（中）、只有"漫射"作用（右）

（6）半径：初学者可能会认为"半径"这一属性影响灯光的强弱或照射范围，但事实上并非如此。"半径"实际影响的是影子的效果。"半径"属性值越大，发光源越多，影子越柔和。图7-14展示了同一点光"半径"属性值分别为0.25m和2.00m时大理石雕塑影子的不同效果。读者可以尝试将"半径"属性值调整为0.00m、50.00m等极端的情况以观察影子的效果。

图7-14 点光"半径"属性值为0.25m（左）、2.00m（右）

小贴士

　　增大"半径"时，影子边缘的锯齿是由于使用Eevee渲染引擎在渲染时视图采样值不足造成的。消除锯齿的做法是，切换至"渲染属性"面板 下，增大"采样"选项区域下的"视图"属性值，此值默认为16，可以根据实际效果反馈，将其设置为128或更大（见图7-15）。其原理在于，Eevee使用时域抗锯齿（Temporal Anti-Aliasing）的方法来反走样，这是一种基于样本的方法。样本越多，反走样效果越好。而"视图"属性值决定了3D视图中使用的样本数；"渲染"属性值决定了最终渲染时使用的样本数。有关Eevee渲染引擎属性的内容将在7.3.2小节中详细介绍。

图7-15 增大Eevee渲染引擎视图采样值

　　图7-16展示了"视图"采样属性值分别为16、128时，Eevee在"3D视图"中对影子的不同渲染效果。

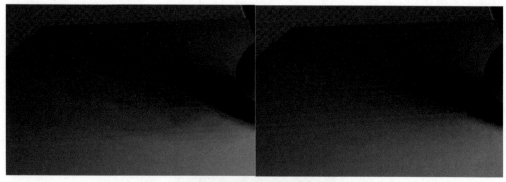

图7-16　视图采样属性值为16（左）、128（右）

2. 日光

"日光"用于模拟物理世界中的平行光源，从无限远处"向单一方向"发出恒定强度的光。对于日光而言，移动"日光"对其照明效果没有影响，而旋转"日光"对其照明效果有影响。通过图7-17能够明显地发现日光和点光的照明效果有明显的区别。首先，观察地面，日光下地面整体照明度较统一，是通亮的效果，而点光照射下地面则呈现出明显的局部照明效果。其次，观察大理石雕塑。整个雕塑在日光照明下质地匀称，而在点光照明下明暗分明，并且有明显的高光。这说明日光的光强几乎不随距离的变化而变化，而点光的光强随雕塑与光源的距离增大而衰减。最后，观察影子，日光产生的影子偏硬，而由点光产生的影子则更加柔和。可以看出日光基本模拟了现实生活中的太阳光，适用于室外照明。

图7-17　日光（左）和点光（右）照明效果对比

接下来再看灯光的"日光"属性，如图7-18所示。不同于其他三种光源，日光没有"能量（乘方）"这一属性，取而代之的是"强度/力度"。能量表示光的功率，以W为单位；而强度/力度表示光强，以W/m^{2}为单位。同时，日光也不具备"自定义距离"这一属性。这种属性上的差异都是由日光的特点所决定的。

图7-18　灯光的日光属性

3. 聚光

"聚光"通过锥形遮罩向指定方向发射光线，整体像是"点光"增加了一个"灯罩"的效果。因此，对于聚光而言，移动和旋转"聚光"对其照明效果都有影响。聚光"灯罩"的开合角度可通过"光斑形状"选项区域的"尺寸"和"混合"两个属性进行控制（见图7-19）。

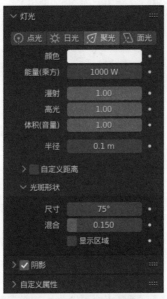

图7-19　灯光的聚光属性

"尺寸"属性控制聚光外锥的大小，其值介于1°～180°，表示锥形顶部的角度。图7-20展示了调整"尺寸"属性值对聚光光斑的影响。

图7-20　调整"尺寸"属性值对聚光光斑的影响

"混合"属性控制聚光内锥的大小，其值介于0.000～1.000，表示内锥在外锥中所占的空间比例。聚光的光线从内锥边界线开始柔化。"混合"属性值越大，内锥所占空间越小，聚光光斑边缘越柔和。图7-21展示了调整"混合"属性值对聚光光斑的影响。

图7-21　调整"混合"属性值对聚光光斑的影响

4. 面光

"面光"是模拟某个区域面作为发光物体产生的灯光。"形状"是面光特有的属性，可以选择正方形、长方形、碟形或椭圆形，不同形状对应不同的尺寸属性（见图7-22），其他的属性与点光较为相似。

图7-22　灯光的面光属性

7.1.3　自发光着色器

"自发光着色器"通过编辑物体的着色器节点进行控制，适用于自发光物体，如广告牌、霓虹灯、电子产品的屏幕等。

选中需要实现自发光效果的物体，切换至"Shading"面板，选择"物体"作为着色类型。当新建一种材质时，会默认存在"原理化BSDF"和"材质输出"两个连接好的节点。删除"原理化BSDF"节点，按组合键Shift+A添加"自发光（发射）"节点，将"自发光（发射）"节点的"自发光（发射）"输出接口连接到"材质输出"节点的"表（曲）面"输入接口，即可控制当前物体的发光效果（见图7-23）。读者可以尝试添加其他节点，以实现更加复杂的自发光效果。

图7-23　自发光着色器节点连接

7.2　三点布光法

本节将重点介绍摄影中的经典布光方法——三点布光法。首先，将介绍三点布光法的基本理论；然后，通过一个简单的案例练习讲解如何在Blender中实现三点布光。

7.2.1 三点布光的构成

三点布光法中的三盏灯分别称为主体光、辅助光和背景光，如图7-24所示。

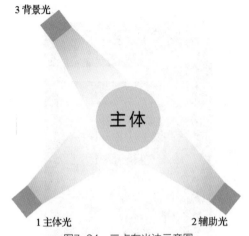

图7-24 三点布光法示意图

（1）主体光

主体光是场景中的主要光照。主体光可以从主体正前方打光，呈现出扁平的效果；也可以从侧面或头顶打光；此外，侧上方45°的光又称为伦勃朗光，可以造成鼻侧的阴影及脸颊的倒三角区。

（2）辅助光

辅助光为主体的阴影补光。通常，辅助光置于主体光对侧，调亮暗部，避免让面部扁平。有时也会使用反光板作为辅助光。

（3）背景光

背景光将主体与背景分离，可以照在人物的后脑勺、头发及肩膀或侧脸。

7.2.2 视图着色方式

在讲解三点布光案例之前，有必要对Blender中的视图着色方式进行补充介绍，便于读者在后续实践中根据不同的需求选择合适的视图着色方式。Blender中的视图着色方式是指3D视图的整体外观，共有4种模式，分别是"线框""实体""材质预览"和"渲染"。可以单击●●●●4个图标按钮（见图7-25）切换视图着色方式，也可以按Z键快速调出视图着色方式菜单进行切换（见图7-26）。

图7-25 单击图标切换视图着色方式

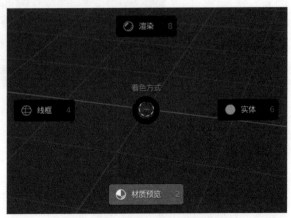

图7-26 按Z键调出视图着色方式菜单

图7-27直观地展示了同一立方体在"线框"模式和"实体"模式下的显示效果。本书我们只对这两种模式下的显示效果进行了解，不对其具体细节作深入介绍。通常，"线框"模式和"实体"模式常用于建模和UV展开过程中。

"材质预览"模式使用Eevee渲染引擎渲染3D视图。默认使用Blender内置的HDR贴图作为光照。可以单击4个视图着色方式图标右边的下拉按钮■，在下拉菜单中选择不同的HDR贴图，并对其属性进行编辑，如图7-28所示。这里需要说明两点：其一，尽管此时仍然可以在"渲染属性"面板中将渲染引擎切换为Cycles，但是这一操作对3D视图交互不产生作用，仅对渲染输出产生作用；其二，由于默认情况下没有勾选"场景世界"复选项，这里所使用的是Blender内置的HDR贴图，而不是用户编辑的，因此，它仅方便用户预览材质贴图，而在渲染输出时不予显示。

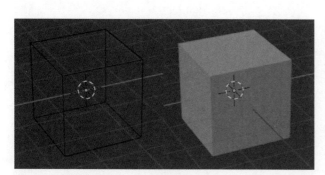

图7-27　"线框"模式（左）和"实体"模式（右）显示的立方体　　图7-28　"材质预览"模式下拉菜单

"渲染"模式使用场景渲染引擎渲染3D视图，默认使用场景灯光和场景世界作为光照。场景渲染引擎即在"渲染属性"面板中指定的渲染引擎。表7-1总结了"材质预览"模式和"渲染"模式的区别。

表7-1　"材质预览"模式和"渲染"模式的区别

类别	"材质预览"模式	"渲染"模式
渲染引擎	Eevee	场景渲染引擎
默认光照	HDR贴图	场景灯光和场景世界
渲染引擎和默认光照的决定方式	Blender内置	用户编辑
用途	预览材质贴图	布光、渲染输出

7.2.3　三点布光法案例

虽然在Blender中有可以直接实现三点照明的插件，但在本书中仍有必要系统性地对三点布光进行实践，以加深对7.1.2小节中的灯光及其属性的理解。可以使用大理石雕塑作为主体，分别选用点光、面光和聚光作为主体光、辅助光和背景光，最终效果如图7-29所示。

在布光和渲染输出之前，首先要将视图着色方式切换为"渲染"模式。在布光过程中灯光的大致位置参考7.2.1小节。下面将正式进行布光。

首先，创建一盏点光，将其置于雕塑左前方。调整其位置、强度等属性。注意

三点布光

到此时雕塑右侧出现死黑，这是需要避免的。因此，创建一盏面光，将其置于雕塑右前方。调整面光位置、角度、强度及尺寸等属性。注意，辅助光的强度应该低于主体光的强度。其次，创建一盏聚光，将其置于雕塑后方。用于照亮头顶、肩膀等部位。调整其位置、角度及强度等属性。取消勾选"阴影"，使得背景光不产生阴影。图7-30展示了上述布光过程。

图7-29　三点布光案例效果图

图7-30　布光过程

小贴士

　　初学者较常见的问题是看不到已经添加的材质纹理，这通常是因为当前视图着色方式为"实体"模式，切换至"材质预览"模式或"渲染"模式即可解决这一问题。

　　至此，基本完成了三点布光实践。读者可以参考教学视频做一些细节上的修饰。例如，调整三点光源的"颜色"属性增加画面的冷暖对比度，调整面光的"高光"属性去除脸部的"高光"等。

7.3　渲染

　　第2章软件基础知识中，已经初步介绍了Blender软件实时渲染与离线渲染的框架性知识。在此，将进一步深入地学习渲染知识。

　　渲染是三维制作的后期环节，它通过渲染引擎计算场景中的光照以创建最终图像或视频。场景中的光照效果受到多种因素的共同影响，包括几何模型、材质、纹理、世界环境、灯光等。本节将介绍Blender中的渲染引擎及其属性等，并补充摄像机的相关内容。

7.3.1　渲染引擎

　　切换至"渲染属性"面板下，"渲染引擎"下拉菜单中列出了Blender中内置的Eevee和Cycles两种渲染引擎（见图7-31）。Eevee是实时渲染引擎，基于光栅化算法进行渲染，渲染速度快。Cycles是离线渲染引擎，基于光线追踪算法进行渲染，渲染精度高。

图7-31　Blender中的渲染引擎

　　图7-32和图7-33分别展示了Eevee渲染引擎和Cycles渲染引擎对同一场景的渲染效果。可以看到，Cycles渲染的结构在暗部细节区域的层次更多，并且有明显的蓝色倾向，这是由于场景是深蓝色的环境，灯光在深蓝色上的反光也会对大理石雕像产生影响，这种间接性的照明能够被光线追踪算法表现出来。

图7-32　Eevee渲染引擎渲染效果

图7-33　Cycles渲染引擎渲染效果

7.3.2　Eevee渲染引擎

本小节将对Eevee渲染引擎的常用属性进行说明。首先再次对渲染器的主要参数进行介绍，读者可参阅2.3.1小节中的内容进行复习。

Eevee基础

1. 采样

采样能控制渲染器解算的精度，直接影响渲染表现速度。与灯光采样值的原理具有相似性。

2. 环境光遮蔽

环境光遮蔽用于在裂缝、不同对象接触的地方等细节区域添加阴影，以模拟更加真实的阴影。"距离"属性限定了需要添加这一效果时的对象间距。图7-34展示了开启"环境光遮蔽"前后阴影细节的区别。

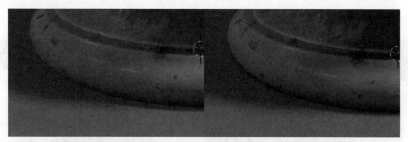

图7-34　未开启"环境光遮蔽"（左）和开启"环境光遮蔽"（右）

3. 辉光

辉光可以使画面中亮度值足够高的像素点周围"发光"。亮度值达到"阈值"属性的像素点可以"发光"。图7-35展示了开启"辉光"前后大理石雕塑头部的区别。

图7-35　未开启"辉光"（左）和开启"辉光"（右）

4. 次表面散射

次表面散射是光线穿过透明或半透明表面时发生的散射照明现象，皮肤、树叶等物体都具有这种效果。Blender中通过模糊屏幕空间中的漫反射光来模拟真实的次表面反射。

5. 屏幕空间反射

在Eevee渲染引擎中，有两种方法创建反射：一是光照探头，二是屏幕空间反射。若勾选"屏幕空间反射"复选项，Eevee渲染引擎将为当前视图中的物体创建反射效果。有时会发现物体的反射不完整（图7-36中的右图所示），这是因为在当前视图中看不到的部分不会有反射效果。这意味着"屏幕空间反射"无法得知物体的厚度，因此，需要通过设置"厚度"属性值为物体指定厚度，从而修补不完整的反射。

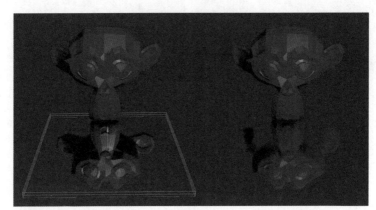

图7-36　创建反射的两种方式：光照探头（左）和屏幕空间反射（右）

6. 阴影

在Eevee渲染引擎中，阴影借助于阴影贴图产生。阴影贴图分辨率越高，阴影边缘的锯齿越少。可以这样理解阴影产生的过程：场景中的对象根据其几何形状被划分为立方体，并基于划分结果而非原始对象产生阴影。这样一来，虽然得到的阴影质量较低，但渲染速度显著提高。以猴头为例，与原始对象相对应的低分辨率阴影贴图可能类似于图7-37中间的对象，高分辨率贴图可能类似于图7-37右边的对象。

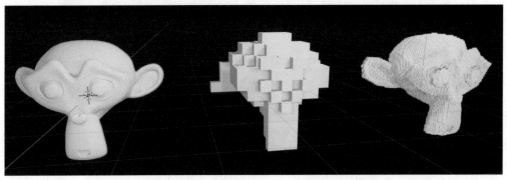

图7-37　猴头（左）、低分辨率阴影贴图近似对象（中）和高分辨率阴影贴图近似对象（右）

在"阴影"下拉菜单下，有两个关于分辨率的属性，分别是"矩形尺寸"和"级联大小"，前者决定于点光、面光和聚光阴影贴图的分辨率，后者决定于日光阴影贴图的分辨率。此外，若勾选"高位深"复选项并将阴影贴图的位深设置为32比特，将有助于减少由于贴图中浮点数精度不足而导致的伪影。

7.3.3　Cycles渲染引擎

本小节简要整理了使用Cycles渲染引擎时加快渲染速度的5个技巧。

Cycles基础

1. 渲染设备

在Scene选项面板中，将"设备"栏从默认的"CPU计算"切换为"GPU计算"，如图7-38所示。

2. 噪波域值

将"渲染"选项面板中的"噪波阈值"适当改大一些，比如0.1000（默认值为0.010），如图7-39所示，可以节省很多渲染时间。但注意不要提高太多，噪波阈值太大会降低图像质量。

图7-38　切换渲染设备

图7-39　噪波阈值

3. 光程

在"光程"选项面板中可以看到，总共有12次反弹，如图7-40所示。可以把所有属性值都设置为1，然后根据场景具体内容进行改动。比如对于一个含有树木的场景，由于叶子有透明度，因此可以把"透明"单独设置为2。

4. 性能

在"性能"选项面板中，勾选"持久数据"复选项，如图7-41所示，可以缩短渲染时间（注意：针对静止无动画）。

图7-40　光程

图7-41　性能

5. 世界环境

用HDR贴图代替天空纹理、改变分辨率等都可以缩短渲染时间。

7.3.4　摄像机

摄影机与渲染
输出

摄像机决定了场景中的哪个部分会被渲染，因此，对场景进行渲染的前提是场景中存在摄像机。对于摄像机而言，必须掌握3个最基本的操作，即添加摄像机、切换摄像机视角和锁定摄像机到视图方位。

添加摄像机的步骤：按组合键Shift+A调出"添加"菜单，单击视图左上方的"添加"下拉菜单，单击"摄像机"，即可在3D光标位置处创建一个摄像机。

添加摄像机后，可以单击3D视图右侧的"切换摄像机视角"![icon]进入摄像机视角，也可以按数字键盘上的0键，在摄像机视图和3D视图间快速切换。

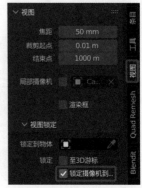

为了能够在摄像机视图中进行平移、旋转和缩放等操作，按N键，在右侧弹出的菜单栏中切换至"视图"面板，勾选"锁定摄像机到视图方位"复选项，如图7-42所示。

接下来，对摄像机的常用属性进行说明。

"镜头"：摄像机的镜头类型默认为"透视"。在透视镜头下，远处的物体看起来比近处的物体小。镜头"焦距"控制缩放量，焦距越长，看到的场景越少；焦距越短，看到的场景越多。图7-43展示了同一摄像机"焦距"属性值分别为50mm、80mm的不同场景。

图7-42　锁定摄像机到视图方位

"景深"：现实世界中的相机通过一个透镜将光线聚焦到传感器上，因此，焦点处的物体是清晰的，而焦点前后的物体是模糊的。若勾选"景深"复选项，则Blender中的摄像机将模拟这一特性。

图7-43 "焦距"属性值分别为50mm（左）和80mm（右）的不同场景

最后一个常用的属性是"视图显示"下拉菜单下的"外边框"，它控制摄像机视野外区域的不透明度。

小贴士

外边框可以调整除摄像机视角画面以外场景的透明度，调至 1 为不透明，适当增大该数值能够更容易地观察摄像机视角内的画面，而不受到视角外画面的影响。

小贴士

不同版本的 Blender 中"Camera"可能会有不同的译法，如在 3.0.0 中译作"摄像机"，在 2.93.4 中译作"相机"。

7.3.5 渲染图像

除了设置渲染引擎和摄像机外，在正式渲染之前，还需要调整输出属性。切换到"输出属性"面板下，可以对输出图像的分辨率和文件格式进行设置，默认的文件格式为PNG。

完成上述操作后，单击菜单栏中的"渲染"，在下拉菜单中单击"渲染图像"选项，即可进行渲染，也可以按F12键进行渲染（见图7-44）。

当渲染开始时，会弹出一个图像编辑器窗口，用以展示渲染进度。渲染完成后，单击菜单栏中的"图像"，在下拉菜单中单击"保存"选项即可保存图像，也可以按组合键Alt+S保存图像（见图7-45）。

图7-44 渲染图像

图7-45 保存图像

小贴士

若不希望某个对象出现在最后的渲染图像中，可以直接删除该对象，也可以在 Blender 右上角大纲视图中单击"在渲染中禁用" （见图 7-46）。

图7-46　在渲染中禁用

到此，我们介绍了本章的全部理论知识。在7.4节中，将综合应用这些知识进行实践。

7.4 灯光渲染案例实践

本节将对提梁壶进行布光和渲染，参考图如图7-47所示。

图7-47　提梁壶参考图

小贴士

本案例建模、材质、灯光渲染全过程的参考视频。

01_多棱的杯子　　02_壶身主体建模　　03_壶身的配件

04_壶身壶嘴缝合　　05_基础材质　　06_灯光渲染

实践分为6个步骤：切换视图着色方式、创建摄像机、调整软件界面布局、设置世界环境、添加光源、渲染输出。注意，由于场景中没有自发光物体，因此在布光过程中只需考虑世界环境和灯光。

小贴士

案例中给出的属性值仅作为参考，读者在实践过程中要根据实际效果对属性值进行调整。

7.4.1 切换视图着色方式

我们已经在"材质预览"模式下完成了材质贴图步骤，在布光和渲染输出之前，首先要将视图着色方式切换为"渲染"模式。

7.4.2　创建摄像机

使用组合键Shift+A创建摄像机。单击"切换摄像机视角" 🎥，进入摄像机视角。按N键，在右侧弹出的菜单栏中切换至"视图"面板，勾选"锁定摄像机到视图方位"复选项。

在右侧的"物体数据属性"面板中"视图显示"下拉菜单下将"外边框"调整为1.000（见图7-48）。

由于参考图为竖幅，可以在右侧的"输出属性"面板中"格式"下拉菜单下将分辨率调整为1200px×1920px（见图7-49）。

图7-48　调整"外边框"属性值　　　　图7-49　调整分辨率

7.4.3　调整软件界面布局

在取景过程中，常常需要在摄像机视图和3D视图间来回切换，有没有一种方法能够避免这种重复性的操作呢？答案是肯定的，可以调整软件界面布局，打开两个窗口，其中一个用于展示摄像机视图，另一个用于展示3D视图，以便同时进行在摄像机视图中预览和在3D视图中交互。

将鼠标悬停在3D视图4个拐角处时，鼠标指针会变成十字形状，如图7-50所示。此时按住鼠标左键进行拖动，会创建一个新的窗口。

图7-50　十字形鼠标指针

小贴士

在教学视频中，执行这一步操作时处于"Shading"面板，界面中本身具有两个以上窗口，因而不需要额外创建新的窗口。若读者处于"Layout"面板，界面中只有一个窗口，则需要按照上述方法创建新的窗口。

单击左侧窗口的"编辑器类型" 🔧，在下拉菜单中选择"常规"类别下的"3D视图"。单击"显示Gizmo" 🔲和"显示叠加层" 🔵关闭其显示。同样，将视图着色方式切换至"渲染"模式。单击"切换摄像机视角" 🎥，进入摄像机视角。同时，在右侧窗口中退出摄像机视角。最终软件界面布局，左侧窗口用于预览渲染效果，右侧窗口用于交互（见图7-51）。

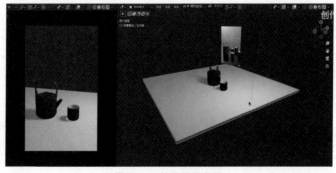

图7-51　软件界面布局

7.4.4 设置世界环境

设置世界环境的基本思路是加载一张HDR贴图，并按照需要调整相关属性，最后只保留HDR贴图产生的光照效果，但隐藏背景本身。

1. 加载HDR贴图

切换至“Shading”面板，选择“世界环境”作为着色类型。

按组合键Shift+A创建环境纹理，单击“打开”图标按钮，从本地选择一张HDR贴图，将环境纹理节点的“颜色”输出接口连接至背景节点的“颜色”输入接口。这样，就加载了一张HDR贴图。

2. 调整属性

本案例为了降低光照强度和环境色的影响，需要调整背景强度和饱和度这两个属性。

在“背景”节点中，将“强度/力度”数值降低至0.200左右。

调整饱和度需要添加“色相/饱和度”节点。按组合键Shift+A创建“色相/饱和度”节点，将其插入“环境纹理”和“背景”这两个节点之间，将“饱和度”调至0。饱和度为0时，图像将不受色相的影响。

3. 隐藏背景

在右侧的“渲染属性”面板中，勾选“胶片”下拉菜单下的“透明”复选项，即可隐藏背景（见图7-52）。

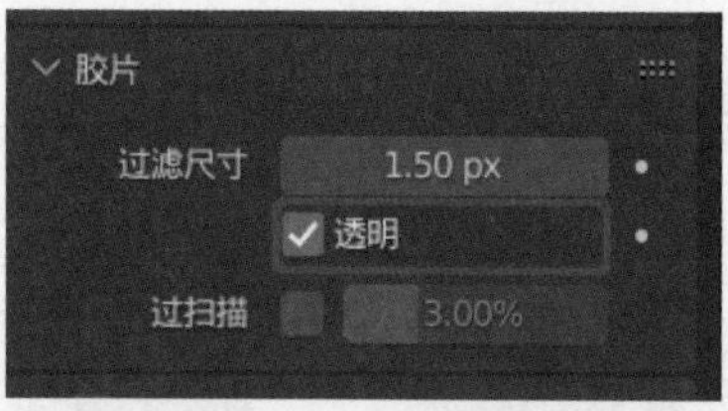

图7-52　勾选“透明”

完成以上步骤后的场景效果和着色器节点连接如图7-53所示。

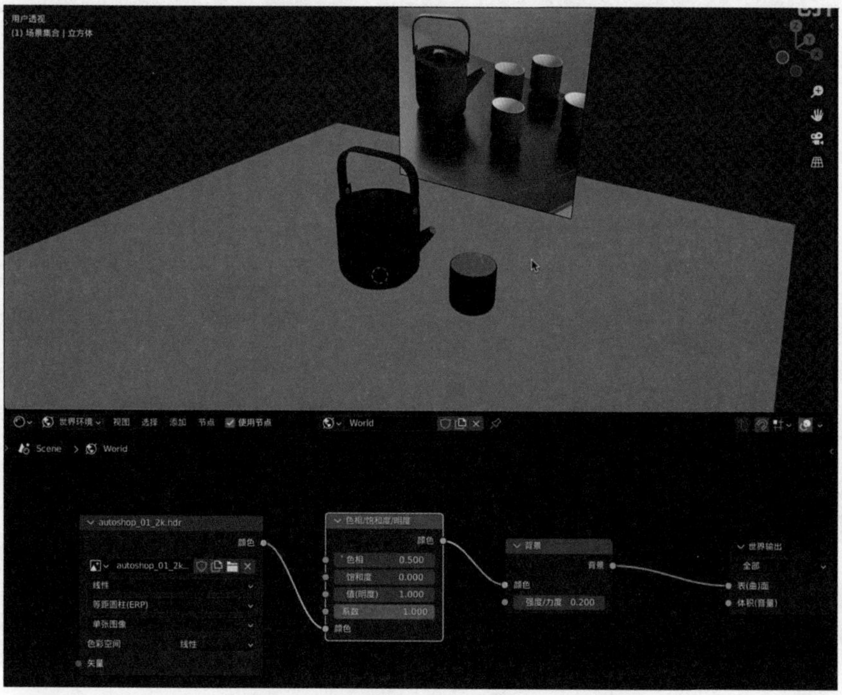

图7-53　世界环境效果及着色器节点连接

7.4.5　添加光源

接下来添加光源。基本思路是先实现基础的光影效果，再进行细节的修饰，包括高光、局部提亮等。在这个过程中，可以根据实际效果灵活调整物体的材质。

1. 基础光影

使用两盏点光实现基础光影。按组合键Shift+A创建点光，不断调整点光的位置、能量和半径，直至基础光影效果与参考图大致相同。

2. 细节修饰

（1）高光

注意到参考图中提梁壶的把手和壶盖上有高光区域，再添加一盏点光实现这一效果。勾选"物体数据属性"面板下"灯光"下拉菜单中的"自定义距离"，并调整"距离"的数值，使得这盏点光的照明效果只影响壶的把手和壶盖，而不影响其余对象。若不勾选"自定义距离"，则默认使用"渲染面板"下"阴影"下拉菜单中的"光照阈值"作为灯光的衰减距离。

（2）倒影

当前，桌面上没有物体的倒影。勾选"渲染属性"面板下的"屏幕空间反射"复选项，可以创建反射，前后效果对比如图7-54所示。

图7-54　勾选"屏幕空间反射"复选项前后效果对比

放大视图，可以发现靠近物体处的倒影不完整，微调"屏幕空间反射"下拉菜单下的"厚度"属性值可以解决这一问题，如图7-55所示。

图7-55　调整"厚度"属性值前后效果对比

当杯子的倒影存在漏光现象时，可以通过设置"接触阴影"解决这一问题。以最左上方的点光为例，选中这盏点光，在右侧"物体数据属性"面板"阴影"下拉菜单下勾选"接触阴影"复选项，调整"距离"属性值，即可修复漏光现象，如图7-56和图7-57所示。

图7-56　勾选"接触阴影"复选项前后效果对比

图7-57　调整"距离"

（3）局部提亮

注意到壶身和杯身侧面偏暗，再添加一盏面光对其进行局部提亮。按组合键Shift+A创建面光，不断调整面光的形状、位置、方向和能量，直至局部提亮效果与参考图大致相同。添加面光的前后效果对比，如图7-58所示。至此，就完成了整个布光过程。

图7-58　添加面光前后效果对比

7.4.6　渲染输出

1. 设置渲染属性和输出属性

这里给出"渲染属性"和"输出属性"面板下一些设置的参考数值。在"渲染属性"面板下，将"采样"下拉菜单下的"渲染"设置为128，并勾选"环境光遮蔽（AO）"复选项（见图7-59）。

在"输出"属性面板中，将"输出"下拉菜单下的"色深"选为16，将"压缩"调整至0%（见图7-60）。

2. 渲染引擎

使用Eevee引擎渲染，由于开启了"屏幕空间反射"，需要解决杯壁内影子粗糙的问题。解决方法是调整相关参数，调整前后效果对比如图7-61所示。同样，这里给出调参过程中的参考数值。在"渲染"属性面板下，将"屏幕空间反射"下拉菜单下的"厚（宽）度"设置为5m，"边衰减"设置为0.500（见图7-62）。

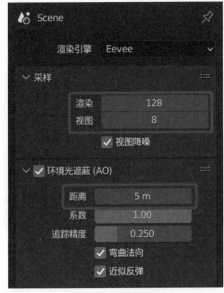

图7-59 渲染属性设置

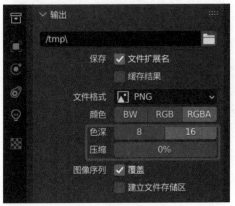

图7-60 输出属性设置

图7-61 调参前后效果对比

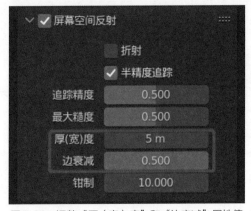

图7-62 调整"厚(宽)度"和"边衰减"属性值

使用Cycles引擎进行渲染，需要解决杯壁内次表面反射过强的问题，可以适当调整次表面的颜色。此外，还需勾选"渲染"属性面板下"采样"下拉菜单中的"视图降噪"复选项。

3. 渲染和保存

完成渲染设置后，按F12键进行渲染。渲染完成后，按组合键Alt+S保存图像。

7.4.7　任务练习

观看教学视频，复习7.4节的知识点，完成提梁壶的灯光渲染实践。

7.5 本章总结

至此，我们已经初步掌握了Blender灯光渲染系统，能够为场景进行布光并渲染输出。然而，还有很多相关知识本章没有涉及，例如光照探头等，读者可以自行探索研究，补充学习。

综合案例：PBR材质与渲染

PBR（Physically-Based Rendering），意为基于真实物理效果的绘制，追求精确地描绘光和表面之间的作用。根据前面几章内容的学习，我们已经初步掌握了 PBR 材质的基础知识并逐渐了解了 Blender 这个软件，"纸上得来终觉浅，绝知此事要躬行"。方法技巧的学习始终是建立在实践的基础上，本章我们将通过两个较为复杂的工程实践项目，带领大家从零开始按照题设的要求，建立自己的思路，使用 Blender 完成自己的三维模型。

- **学习目标**

1. 理解渲染中各节点连接的原理。
2. 掌握利用 Cycles 渲染器置换生成地形的思路和方法。
3. 掌握摄像机位置调整的方法。
4. 掌握材质贴图的基础连接方法。
5. 掌握贴图混合、AO 叠加的方法。
6. 掌握贴图烘焙和贴图绘制的原理与方法。
7. 灵活利用黑白图知识点制作细节效果。
8. 灵活运用本章所学的方法和技巧，完成程序化地形案例和胭脂红瓷虎实践。

✎ **逻辑框架**

本章案例主要围绕"效果分析—结构—质感—光影"的逻辑框架来实现，如图 8-1 所示。

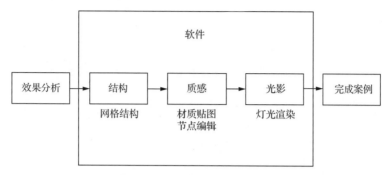

图8-1 PBR材质与渲染思维导图

效果分析：对物体在真实世界中的视觉效果进行思考，并尝试将效果拆解成三维世界中的结构、质感和光影。

结构：通常使用建模或数字雕刻的方式来实现物体的立体结构。

质感：使用材质节点和贴图来实现质感，这里考验的是读者对颜色、糙度、金属度、反射、法线、凹凸等材质贴图知识的理解和灵活运用。

光影：使用灯光和环境贴图来还原物体的真实视觉效果。

PBR 流程概述

8.1 程序化地形案例实践

8.1.1 案例思路

本案例的思路主要为生成地形，构思场景，分离山水，材质贴图，细节处理。接下来将按照该思路来完成程序化地形案例。

8.1.2 置换贴图地形

本章案例主要通过节点的连接与编辑来实现，为了便于节点编辑，首先需要将默认的"Layout"面板切换至"Shading"面板。

1. 渲染设置

本章置换生成地形的方式只有Cycles渲染引擎支持，所以首先需要将渲染引擎切换至Cycles引擎。为提高后续案例制作过程中的渲染速度，可以将"渲染"属性面板下采样选项中的最大采样更改为"64"，以提升渲染速度。

2. 生成地形

置换生成地形的原理是通过一张黑白图来控制置换的高度，从而生成山地。依照该思路，我们来生成基础山地地形。

置换生成地形

小贴士

在开启本章的学习前，要先了解黑白图的以下知识点（见图 8-2），以帮助我们更好地进行案例学习。

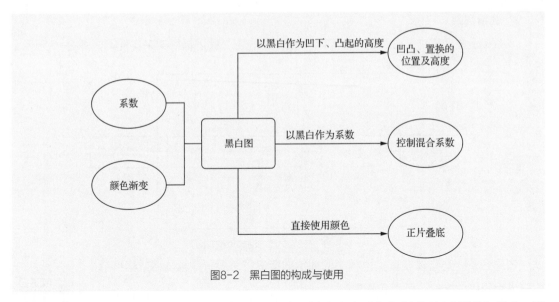

图8-2 黑白图的构成与使用

注意，在本章中，黑白图的应用非常重要，在本章后续内容中还会多次运用黑白图的知识点，读者需要反复学习并充分掌握案例中涉及黑白图的部分。随着案例制作进度的不断推进，节点的连接将会越来越复杂，如若不能很好地理解黑白图的运用，则在后续的制作过程中将很难厘清节点连接的思路。

（1）创建地形

新建一个平面，将平面放大至合适的大小，再进入编辑模式，单击鼠标右键细分平面，在窗口左下角选中细分选项，将"切割次数"设置为100次（见图8-3）。平面的面数增加后，生成的地形细节会更加丰富。

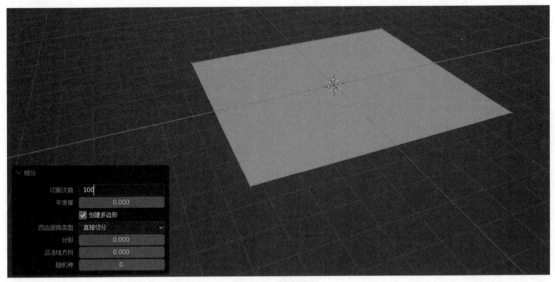

图8-3 创建平面

（2）新建材质

为创建好的平面新建一个材质，在"材质"属性面板下找到设置选项中的表（曲）面选项，将"置换"选项的"仅凹凸"更改为"仅置换"或者"置换与凹凸"（见图8-4）。

图8-4　材质属性设置

比起"仅置换"选项，"置换与凹凸"选项能产生更丰富的地形细节，但更考验计算机的硬件性能，打开
"置换与凹凸"时可能会导致渲染速度变慢。

（3）置换生成地形

新建噪波纹理、颜色渐变和置换节点，用噪波纹理的系数控制颜色渐变的系数，颜色渐变的颜色
控制置换的高度，再将置换连接至材质输出的置换节点上（见图8-5）。此时我们就完成了基本的置
换地形生成（见图8-6）。

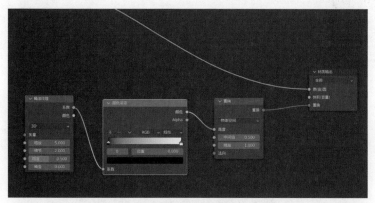

图8-5　基本置换地形生成的节点连接

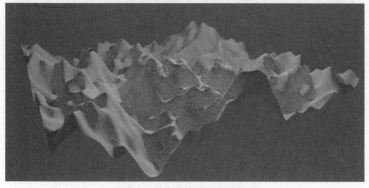

图8-6　基本置换地形生成效果

3. 调整地形

（1）平滑着色

生成地形后，选中平面，鼠标右键选择平滑着色，能够消除地形的块状感，使地形更加真实。

（2）参数调整

置换生成地形中有3个重要节点，即噪波纹理、颜色渐变和置换。它们的参数变化都会对生成地形的样貌带来很大的改变，调整噪波纹理和颜色渐变能够改变黑白图，从而改变地形。读者可以自行调整噪波纹理及颜色渐变的参数，观察黑白图的变化带来的地形变化，以更好地理解黑白图对地形的控制。本章的后续内容还将继续利用黑白图来生成更多的效果。调整置换参数则是直接改变置换后的结果，比较直观，易于理解。

小贴士

按组合键 Ctrl+Shift，单击节点，可以预览单个节点效果，以更好地理解该节点的作用。例如，按组合键 Ctrl+Shift，单击噪波纹理，可以单独观察噪波纹理产生的效果（见图8-7）。

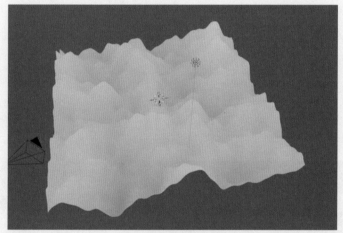

图8-7　噪波纹理节点预览

按组合键 Ctrl+Shift，单击颜色渐变，可以查看颜色渐变带来的效果（见图 8-8）。

图8-8　颜色渐变节点预览

在噪波纹理中，缩放值能够控制生成山地的密度，但缩放值不能为0；当缩放值为0时，地形消失。读者可以根据想要达到的效果来调整缩放值。细节值能够控制山地的细节，适当调高细节值可使山地拥有更多的细节，看起来更真实。糙度值可以控制山体的平滑程度，糙度值调整幅度过大时，山地的形态也会随之发生改变。畸变值改变了黑白图的不规则程度，略微增加畸变值能够使山体更真实。

小贴士

为噪波纹理节点增加映射，能使山体产生更丰富的变化。选中噪波纹理节点，按组合键 Ctrl+T 为噪波纹理节点增加映射（见图 8-9）。改变映射位置 X、Y、Z 这 3 个值中任意 1 个值都能产生不同的地形，读者可以尝试改变数值以得到满意的山体样貌。

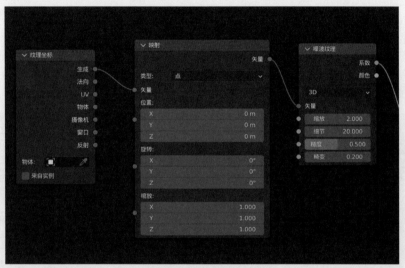

图8-9　噪波纹理节点映射

在颜色渐变中，调整黑白渐变色的间距可以控制地形的形状，注意要适当向右拖动黑块，使山地与地面产生交界，从而更具真实性。

小贴士

将颜色渐变选项中的线性改为缓动，能够有效地改善山地与地面交界的硬边，使细节更丰富。

在置换的参数中，中间值控制的是置换地形与原始平面的变化值，在本案例中我们将该值设置为0，使地面与平面重合。缩放值能够控制山体隆起的高度，缩放值越大，山体越高。

在理解了各个参数对地形的控制后，读者就可以根据自己的审美来自由调整地形了，这个过程中可以不断反复尝试各个参数，直至达到满意的效果。

8.1.3　场景构图

1. 摆放摄像机

为了获得一张场景渲染图，首先要寻找取景位置，摆放好摄像机，并通过摄像机的画面来调整场景和位置，进行场景构图。

本章案例我们使用一个巧妙的方法来摆放摄像机，不需要在场景中来回拖动摆放摄像机，而是直接观察摄像机的画面，再移动摄像机画面的视角，就能将摄像机摆放到显示该画面的位置。这个方法便于我们直接通过摄像机视角来取景，可以大大减少摄像机摆放的工作量。

场景构图

　　首先，若场景内没有摄像机，则新建一个摄像机。进入摄像机视角后，使用鼠标滚轮可以调整摄像机取景框的大小，调整到合适的大小后，按N键打开视图工具，在视图锁定选项下勾选"锁定摄像机到视图方位"复选项，摄像机就会跟随摄像机视角内的画面来移动位置，此时我们就可以使用与"3D视图"中完全一致的移动、旋转等操作来调整摄像机的视角，找到合适的取景位置，再适当改变摄像机的焦距，便可以得到满意的取景。

　　2. 创建背景

　　背景也是构图非常重要的一部分。本案例素材中选择了一张天空的照片作为背景，读者也可自行寻找一张适合的图片作为背景。由于天空是高亮的环境，因此，使用天空作为背景时，图片连上自发光着色器后就不会受到环境的影响，能够一直保持高亮的状态，与天空本身的特性相符，因此我们选择自发光着色器来输出材质。接下来按照该思路为场景搭建背景。

　　调整好摄像机摆放的位置后，退出摄像机视角。首先新建一个平面，通过旋转、平移，将平面移动到摄像机拍摄对象的正后方作为背景，适当地放大平面。调整好平面后，为该平面新建一个材质，删除原理化着色器，新建自发光着色器节点及图像纹理节点，在图像纹理中打开素材中的天空照片，将颜色连接至自发光上的颜色，再将自发光连接至材质输出的表（曲）面（见图8-10）。此时便完成了简单背景的搭建。

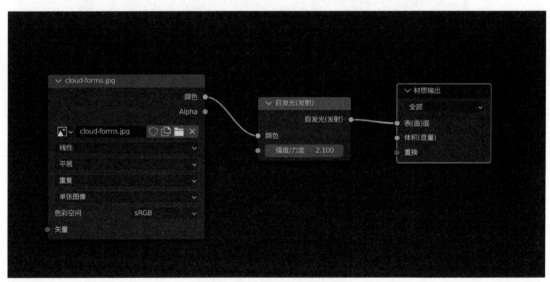

图8-10　背景的材质节点连接

　　3. 调整场景

　　创建好背景后，进入摄像机视角，观察摄像机视角内的取景来对场景进行微调。需要观察以下三点：摄像机的取景是否符合审美，背景是否贴合场景，场景中的光线与背景是否匹配。根据以上三点，调整本案例的场景，进入摄像机视角观察取景，若取景不满意，则需反复调整，转动画面视角，找到符合审美的山体位置。找到合适的位置后观察背景，缩放背景图片使其贴合取景的山体。最后，观察背景与场景的光线，将场景的光线调整至与背景一致。例如，本案例中的天空照片能够明显地观察到光线是从右边射向左边的，云的右半部分是高亮的，而左半部分则处于阴暗位置，所以山体场景的光线也应与背景的光线相匹配。删除场景中多余的光源，新建一个日光，将日光的发射位置移动到合适的位置后，拖动日光线上的黄色圆点，改变日光的发射方向，使日光从右射向左，并根据摄像机视角画面微调日光的亮度、角度，使其达到最好的效果（见图8-11）。

　　场景构图是一个反复观察、琢磨、修改的过程。保持耐心，不断推敲，注重细节，最终一定会收获一个令人满意的场景。

图8-11　示例构图

8.1.4　山水分离

根据前文内容，已经知道可以通过黑白图来控制山水地形，使山水分离。首先为水创建一个材质着色器，根据水的特性选择光泽着色器。随后，再创建一个混合着色器将代表山体材质的原理化着色器与代表水面材质的光泽着色器混合。此时就需要一个参数来控制它们的混合系数，这就用到黑白图的知识点，我们创建一个颜色渐变节点，选择常值，再用生成地形的噪波纹理系数控制新创建的常值颜色渐变系数，这样就生成了控制山水分离的黑白图。将颜色渐变的颜色连接至混合着色器的系数上，拖动颜色渐变的黑白块，仔细观察效果，将黑白块移至合适的位置使得山与水恰好分离（见图8-12）。

山水分离

图8-12　山水分离效果

山水分离后，调整山体的颜色及水面的颜色，并降低水面的糙度，使山水场景更真实，山与水区分更明显。

小贴士

若山与水的材质混合后相反，则调换混合着色器的混合顺序即可，其节点连接如图 8-13 所示。

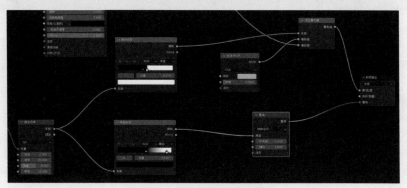

图8-13　山水分离节点连接

8.1.5　山体与水面材质

1. 山体材质

（1）贴图连接

在6.1.1小节中，通过绿洲遗迹贴图案例学习了贴图的基本连接方法，继续使用该方法为山体连接基础的材质贴图。读者可以使用本案例提供的岩石贴图素材，也可自行选择合适的贴图素材。

山体与水面材质

首先选中山体平面，在左侧窗口打开文件浏览器，找到贴图素材所在的文件夹。将岩石贴图素材的基础色、糙度与法线贴图分别拖入平面材质的着色器编辑器界面中。用基础色贴图颜色控制山体原理化的颜色，用糙度贴图控制山体原理化的糙度，创建一个法线贴图节点，用法线贴图图片的颜色控制法线贴图节点的颜色，并用法线贴图节点控制山体原理化的法向。注意，法线贴图的色彩空间要修改为"Non-color（非彩色）"，贴图连接如图8-14所示。

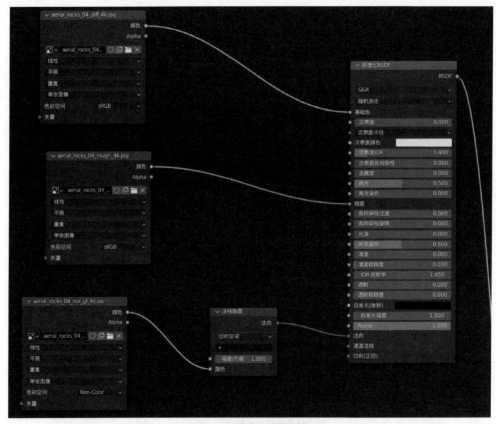

图8-14　基本的贴图连接

（2）细节调整

连接好基础的山体材质贴图后，要对山体贴图的细节进行处理。例如，该岩石贴图连接到庞大的山体上后有岩石块面较大的问题（见图8-15），此时需要为3张贴图添加映射（见图8-16），以增加贴图的重复度，增加山石的密度（见图8-17）。

调整完山石的密度后，可以通过亮度/对比度节点来调整原有贴图的颜色。首先新增亮度/对比度节点，将颜色贴图的颜色连接至亮度/对比度的颜色上，再用亮度/对比度的颜色来控制山体原理化的颜色，连接好节点后略微升高亮度值及对比度值，使山体看起来更明亮。再新增色相/饱和度节点，略微降低饱和度的值，使岩石的视觉效果更真实（见图8-18）。读者可以根据自己的感受来调整贴图的颜色。

图8-15　大块面的效果

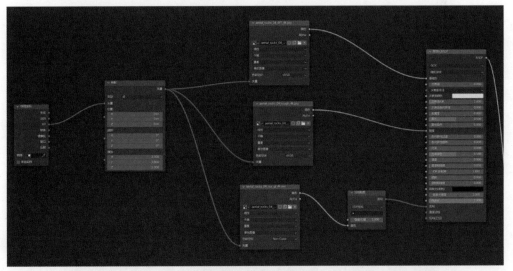

图8-16　3张贴图的映射

图8-17　增加重复度后的效果

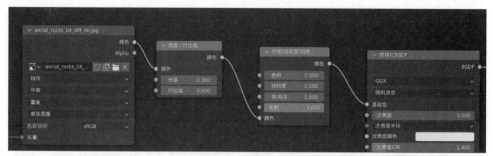

图8-18 贴图颜色的调整

2. 水面材质

在8.1.4小节中我们处理了水面的基础材质，本小节使用噪波纹理及凹凸节点为水面增加波纹效果。

创建噪波纹理、凹凸节点，用噪波纹理的系数控制凹凸的高度，再用凹凸的法向控制水面光泽着色器的法向（见图8-19）。为了制造波纹效果，要增加噪波的重复度，使水面出现更多的波纹，因此要为噪波纹理再添加映射。观察摄像机视角的水面，调整映射X、Y、Z的缩放值，调整噪波纹理的缩放值，适当增加噪波纹理的细节值，使水面出现较真实的波纹（见图8-20）。

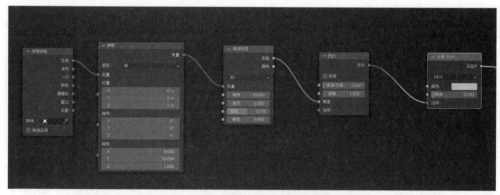

图8-19 水面纹理效果的节点连接

图8-20 水面纹理效果

小贴士

增大摄像机朝向轴的映射缩放值，能使摄像机视角下的水面波纹更真实，注意要降低凹凸节点的强度 / 力度值。

8.1.6 贴图混合

1. 基础贴图混合

至目前为止，只为山体材质做了岩石贴图，山体材质较单调，且山与水的交界边不够自然，所以接下来要为山体混合其他贴图，并在山水交界处制作沙滩及沙地被浪花打湿的效果。本案例使用的是苔藓及沙地的贴图素材。

贴图混合

首先将苔藓的基础色贴图在文件浏览器找到后拖入山体平面材质的着色器编辑器界面中，再创建一个混合RGB节点将苔藓基础色贴图与岩石基础色贴图混合。混合后略微调整苔藓贴图的亮度、对比度及饱和度，再将岩石贴图的映射矢量也连接至苔藓贴图的矢量处，使岩石与苔藓贴图有相同的重复度。混合好基础色贴图后，再按照同样的方式混合剩下的糙度及法线贴图。此时就完成了基础的岩石与苔藓的贴图混合。混合好岩石与苔藓后，按照与上述相同的方法，我们继续混合沙地，将沙地贴图与山体材质混合，并为沙地贴图添加映射，增大重复度。3种贴图混合后的节点连接如图8-21所示。

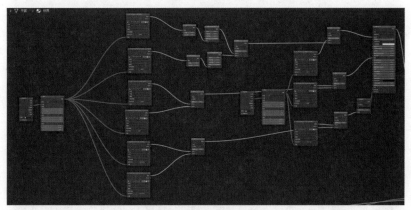

图8-21　节点连接示意图

2. 混合系数的控制

最后需要寻找方法控制它们的混合系数，使这几种材质分别出现在合适的位置，完成贴图的混合。

首先考虑岩石与苔藓的混合。岩石与苔藓的混合是法向上的混合，苔藓是长在岩石上的，所以我们要通过一张山体法向信息的黑白图来控制混合系数，使苔藓长在岩石上。具体方法如下：创建几何数据、法向、颜色渐变3个节点，使用几何数据的法向控制法向节点的法向，法向节点的点控制颜色渐变的系数，再用颜色渐变的颜色分别控制贴图混合的混合系数，最后转动法向节点的球体，调整颜色渐变黑白滑块来使视觉效果达到最佳，节点连接如图8-22所示，效果如图8-23所示。

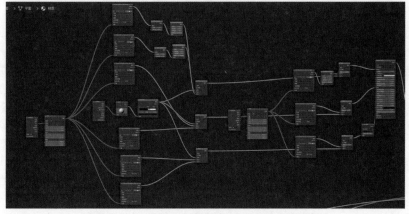

图8-22　岩石与苔藓控制混合完毕的节点连接图

图8-23　岩石与苔藓混合效果图

小贴士

　　按组合键 Ctrl+Shift，单击颜色渐变节点，可以查看该法向信息黑白图，便于观察理解，如图 8-24 所示。

图8-24　山体法向信息黑白图

　　现在，我们来思考沙地与山体材质的混合。沙地不需要铺在山体上，只需要在山水交界的边缘处进行混合，因此需要沿用山水分离时使用的黑白图信息。复制山水分离位置的颜色渐变节点，用山水分离处的噪波纹理系数控制复制后的颜色渐变节点的系数，最后用该颜色渐变节点的颜色控制山体材质与沙地的混合。混合后按组合键Ctrl+Shift单击复制的该颜色渐变节点，并将"常值"改为"缓动"，因为沙地与山体是融为一体的，不需要明显的边界感。查看黑白图，如图8-25所示。白色代表原来的山体材质，黑色代表沙地材质，拖动颜色渐变黑白滑块，将沙地材质部分从水面往岸上扩展至合适的位置，就完成了沙滩的混合。3种贴图完成混合后，我们再观察呈现出的渲染效果，略微调整贴图的颜色，使效果达到最佳，如图8-26所示，节点连接参考图8-27所示。

图8-25　山体材质与沙地混合的黑白信息

图8-26　山体材质与沙地混合效果

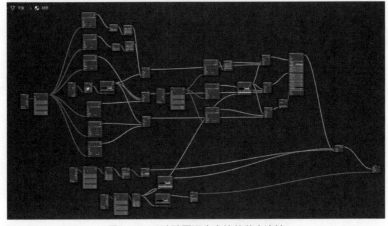

图8-27　3种贴图混合完毕的节点连接

最后，制作沙地被浪花打湿的效果。由于沙地被水打湿颜色会加深，需要使沙地边界颜色均匀地加深。这时需要用到正片叠底的方法，同样利用山水分离的黑白图，将黑白图中的白色部分叠加到没有被浪花打湿的沙地及山体部分，而将黑色叠加到山水交界的边缘处，使沙地颜色加深，模拟沙地被浪花打湿的效果。具体方法：复制沙地材质混合处的颜色渐变节点，用生成山地的噪波纹理系数控制该颜色渐变节点的系数，再创建混合RGB节点，将模式调整为"正片叠底"，将3种贴图混合完成后的颜色与该颜色渐变节点混合（见图8-28），最后调整颜色渐变的黑白滑块，使山水交界边缘处颜色加深，制作出沙地被浪花打湿的效果，如图8-29所示。

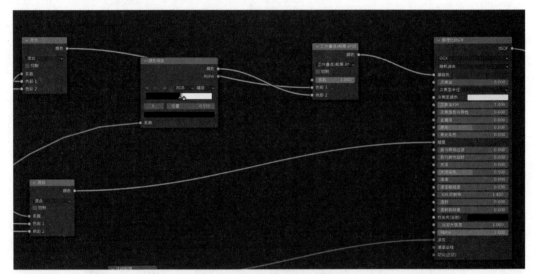

图8-28　沙地颜色加深节点连接

图8-29　沙地颜色加深效果

8.1.7　水岸细节

8.1.6小节完成了山体部分所有材质混合与细节处理，本小节要为水面材质增加细节。由于山水交界边缘处增加了沙地被浪花打湿的效果，因此对于水的部分来说，要在山水交界边缘处做出浪花的效果，让场景更真实。

水岸细节

我们用到的仍然是之前使用过的山水分离时的黑白图，在浪花效果中，这张黑白图将被用来控制浪花与其他水面部分的混合系数及浪花冲击岸边的效果。首先复制山水分离处的颜色渐变节点，注意"颜色渐变"中的选项为"缓动"，再用山水分离处的噪波纹理节点系数控制该颜色渐变节点系数，这样就又复制出了一张带有山水信息的黑白图。创建一个"原理化BSDF"节点，将原理化着色器与原来水面的光泽着色器用混合着色器混合，使用该颜色渐变节点的颜色控制混合系数。此时，调整颜色渐变的黑白滑块后，发现岸边已经出现白色的浪花，这就是基础色为白色的原理化着色器与原来水面的混合结果，为了使细节更丰富，再创建一个凹凸节点，用该颜色渐变的颜色控制凹凸节点的高度，再用凹凸节点的法向控制原理化着色器的法向（见图8-30）。这个方法利用了这张黑白图的黑白信息来生成凹凸高度，这样可以让山水交界边缘处的浪花部分形成一个凸起来的幅度，表现出海浪冲到岸上的效果（见图8-31）。

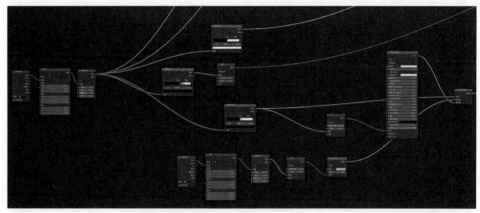

图8-30　水岸浪花节点连接

图8-31　水岸浪花效果

小贴士

降低混合水面材质的原理化着色器的糙度，可以使浪花拥有高光效果，画面更有真实感。

8.1.8　环境雾

接下来为环境添加雾的效果，使场景更生动。

首先创建一个立方体，调整其大小及位置，使该立方体能够完全包裹住场景（见图8-32）。

环境雾润色

为该立方体新建一个材质，删除"原理化BSDF"节点，新建"原理化体积""颜色渐变""渐变纹理"节点，用渐变纹理系数控制颜色渐变系数，用颜色渐变的颜色控制原理化体积的密度，再将原理化体积节点的体积（音量）节点连接至材质输出的体积（音量）节点。完成这些步骤后，一个体积雾的基础创建就完成了。接下来我们要通过调整参数及该体积雾的位置，使该体积雾只笼罩在远山的上方，而不遮住近处的山及天空。调整雾的方法仍然是依据黑白图的原理，为渐变纹理添加映射，旋转X、Y轴，使雾以斜切的三角形呈现（见图8-33），这样就满足了远山上笼罩着雾，而近山没有雾的要求，雾的节点连接如图8-34所示。

图8-32　包裹场景的立方体

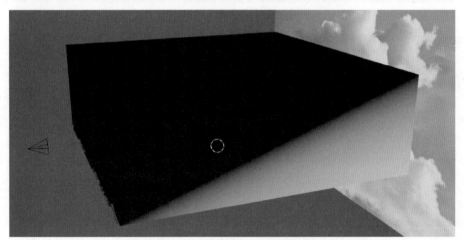

图8-33　控制雾生成的黑白信息

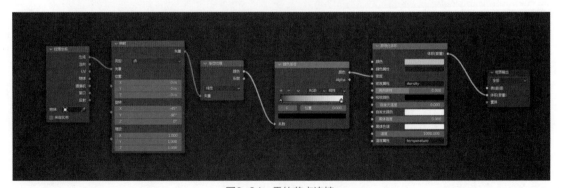

图8-34　雾的节点连接

　　调整好雾的形状后，根据雾所要笼罩的具体位置，调整体积雾的大小及位置，将该体积雾放至合适的地方（见图8-35）。最后，调整原理化体积的颜色，将雾的颜色调整至与环境相衬（见图8-36）。

小贴士

　　降低颜色渐变中白色的纯度可以降低雾的浓度。

图8-35 体积雾的调整

图8-36 摄像机视角效果

8.1.9 AO叠加

环境光遮蔽（AO）可以增强山体的阴影效果，如图8-37所示，原理依旧是通过黑白信息控制系数。具体方法为新建"环境光遮蔽（AO）"节点、"颜色渐变"节点及混合RGB，将山体混合后的基础色再与该颜色渐变节点以正片叠底方式混合，节点连接参考图8-38所示。

图8-37 AO效果的黑白信息

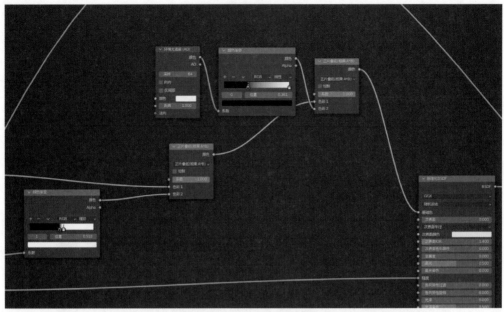

图8-38　AO叠加的节点连接

8.1.10　任务练习

　　观看教学视频，复习8.1节的知识点，完成程序化地形案例，并参考图8-39所示的效果，使用Cycles渲染引擎渲染一张图片。

图8-39　案例渲染

8.2　瓷虎PBR案例实践

8.2.1　案例思路

　　本小节将带领大家完成一个胭脂红瓷虎案例实践，重点学习使用多种贴图来表现丰富质感的三维技巧，帮助读者深入理解PBR材质渲染的思路与方法。

8.2.2 贴图烘焙

1. 前期瓷虎建模准备

当确定了想做的模型之后，先搜索一些平面的模型图用作参考。构思完成之后可以运用前文所学的数字雕刻、重建拓扑等知识，用Blender雕刻出模型的三维形体。以本案例的瓷虎为例，可以先新建一个棱角球，再使用雕刻工具捏出小老虎的三维形象，最终效果如图8-40所示。

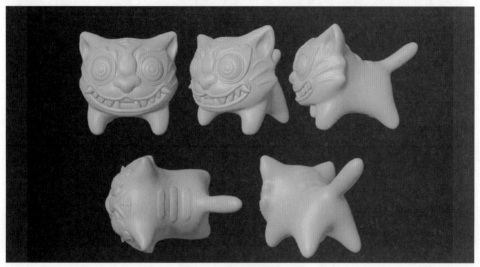

图8-40　瓷虎建模最终效果

2. UV拆分与合并

（1）初步展开

基于第5章的学习，我们已经了解了UV的一些基础知识及在Blender中的编辑方法。首先选中整个物体进入编辑模式，打开UV Editing面板，在此需要手动选择合适的UV展开方式，按组合键Shift+Alt选中模型的线，单击鼠标右键标记缝合边，裁剪UV，缝合边决定了它的展开方式，在模型上按A键全选，按U键打开UV编辑菜单，选择"展开"（或者在上方"编辑模式"栏找到UV，单击"展开"按钮），并在UV编辑器中进行局部调整和排列，初步展开效果如图8-41所示。

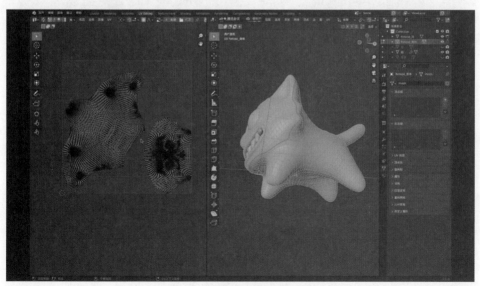

图8-41　瓷虎UV初步展开效果

（2）细节化展开

以小老虎为例。因为脸部的细节较多，所以可以将脸部外围的一圈边标记为缝合边，然后展平，太密的地方后续不好调整上色，可能会出现拉扯感，如果发现有一些地方布线太密，比如身体4个角的位置，可以在肚子上再一次标记缝合边展开。依次类推，不断地将一些网格过密的尖端展开，得到如图8-42所示的UV细节展开。

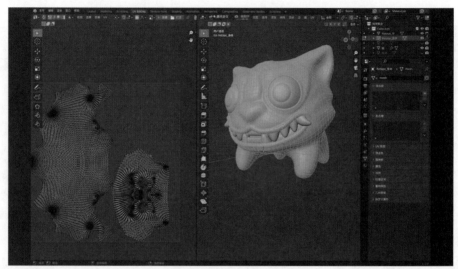

图8-42　瓷虎UV细节展开

也可以进一步将眼珠和牙齿的UV展开，牙齿可以正面选中，从视角方向进行默认展开，眼珠可以标记球体纬度最长的一圈边为缝合边展开，最后将全部的UV选中，适当调整后排布在一张UV图中（见图8-43）。

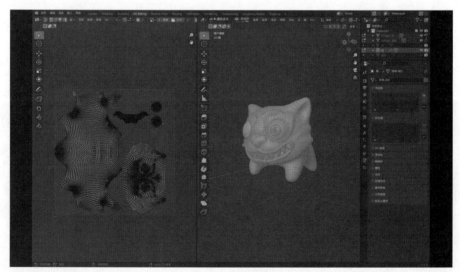

图8-43　瓷虎UV

3. 贴图烘焙

（1）法线贴图

切换到Cycles引擎，在"Shading"面板下按组合键Shift+A创建一个新的材质贴图。然后新建一张空的图像纹理，把大小调成2048px×2048px。然后选中刚才的空图，切换到"Layout"面板下，在"烘焙"面板下选择法向。打开所选物体到活动物体，勾选"罩体"复选项，"罩体挤出"设为0.1，具体设置如图8-44所示。

图8-44 法线贴图烘焙参数设置

小贴士

Cycles 可以将着色器和灯光照明烘焙到图像纹理。这有不同的用途，较常见的是：
- 烘焙纹理，如基础颜色或法线贴图，用于导出到游戏引擎。
- 烘焙环境光遮蔽（AO）或程序纹理，作为纹理绘制或进一步编辑的基础。
- 创建光照贴图以提供全局照明或加快游戏中的渲染速度。

本案例中的陶瓷小老虎主要使用了烘焙制作AO贴图和法线贴图。

小贴士

在创建材质贴图时，为了获得更加丰富的信息，保证摄像机离模型很近的情况下模型基本清晰，常常需要放大图像的比例。当然结合内存和成本的综合考量，往往也不是越大越好，本案例中选择2048px×2048px，对于本案例来说细节处理完全够用。

因为要将高模的细节烘焙到低模的身体上，所以先选择高模，再按住Shift键选择低模，单击烘焙即可获得所需法线贴图并保存（见图8-45）。

小贴士

在烘焙时选择的是 Cycles 引擎，使用 Cycles 引擎渲染时注意要将渲染的最大采样值降低，本节调整为128，否则会造成渲染耗时过长，甚至会出现卡退现象。

渲染出一张材质贴图后必须及时保存，Blender 并不会自动存储这张贴图，如果关掉 Blender，再打开后，图片就会消失。

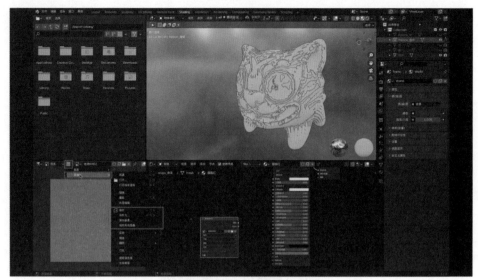

图8-45 法线贴图保存

（2）AO贴图

AO贴图与法线贴图制作方式类似，先新建一张空的图像纹理，选中后切换到"Layout"面板，依旧是高模烘焙到低模，在"烘焙"菜单下选择"AO"选项，再单击"烘焙"即可获得AO贴图并保存（见图8-46）。

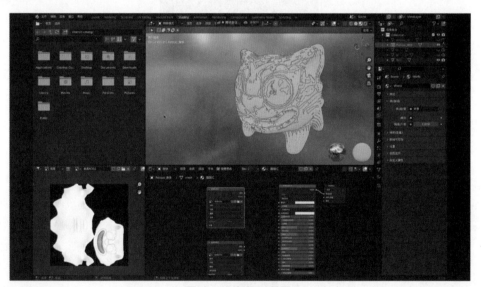

图8-46 瓷虎AO贴图

8.2.3 贴图细节

1. 法线细节

首先创建法线贴图节点，连接刚才做的法线贴图的图像纹理，并且切换色彩空间为"非彩色"，否则可能出现接缝问题，如图8-47所示。

2. 色彩细节

创建"RGB混合"节点，选择"正片叠底"选项，将AO贴图连接到色彩1，修改色彩2为玫红色（#870B52），同时将眼睛和牙齿等细节设置为相同材质，如图8-48所示。其中，色彩1用来获得高模的光影细节信息，色彩2用来绘制模型的基础色。

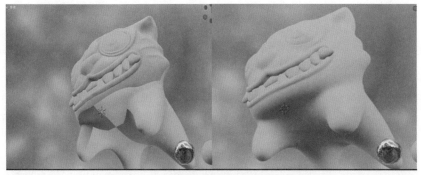

图8-47 法线贴图色彩空间设置前后对比

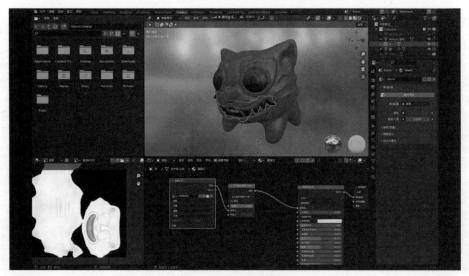

图8-48 色彩细节调整-1

如果眼睛和牙齿指定后为黑色，那是因为AO贴图中眼睛和牙齿的UV位置刚好位于黑色区域。可以在Texture Paint 面板下直接选择油漆桶工具将眼睛和牙齿的位置填白即可，如图8-49所示。处理后，需要及时保存修改后的贴图。

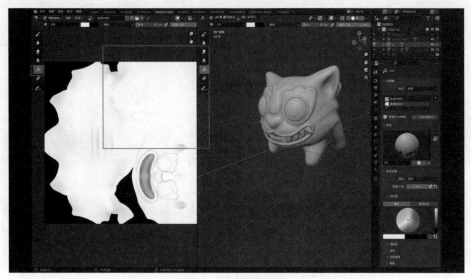

图8-49 色彩细节调整-2

小贴士

> 绘制 AO 贴图时要注意，绘制的颜色代表环境光强弱而非真实色彩。越黑的说明亮度越低，受到的环境光越少，白色则正好相反。通过 AO 贴图我们可以调整环境光的大小，从而达到更真实的效果。

前文中我们将RGB混合的色彩2指定为玫红色，但只是粗略地确定颜色。我们知道，真实的瓷器颜色不可能是均匀且一成不变的，我们应对小老虎不同的身体部位进行一些更真实的颜色调整，甚至点缀其他颜色。

首先新建一张图像纹理并连接到色彩2，这时小老虎会变成纯黑色，不用担心，这是因为我们此时的图像纹理为一张空图。选中这张图并切换到"Texture Paint"面板下，选择油漆桶工具，并将上方的白色改为最初设定的玫红色（#870B52）（见图8-50）。

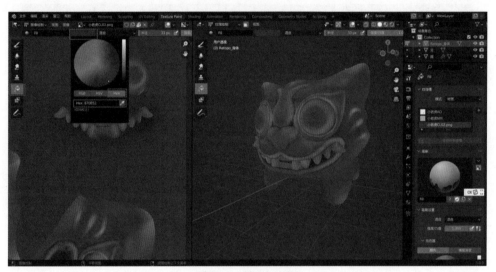

图8-50 基础色调整

然后可以直接选择画笔开始进行细节绘制（见图8-51），此时可以把镜像打开，根据自己建模的朝向选择轴向。

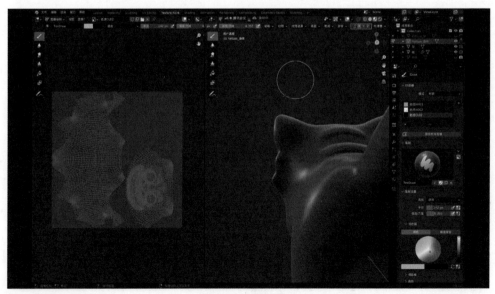

图8-51 调整对称

　　细节绘制需要读者以视觉效果为主，自行调整。比如，可以将凸起的颜色刷成浅色，凹槽处涂深，让它看起来更透亮（见图8-52）。

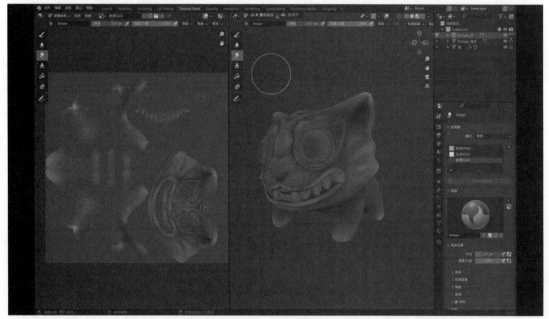

图8-52　调整细节

　　颜色绘制完成后，可以回到"Shading"面板下，调整一下质感等细节，以还原真实的瓷器效果。在这里，可以用一张贴图，一起控制基础色、次表面颜色、高光、糙度等，如此，这些细节就不再是一个简单的无变化数值了，贴图的明暗信息和颜色会对各细节产生更精细的作用，使得模型更加水润、透亮。当然也可以在中间加一些"亮度/对比度"等节点，并根据具体情况进行更为精细化的微调，节点连接可参考图8-53和图8-54。具体读者需要根据自己的喜好调整，以呈现效果为主。

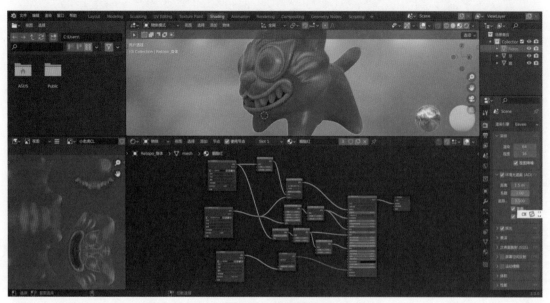

图8-53　节点连接-1

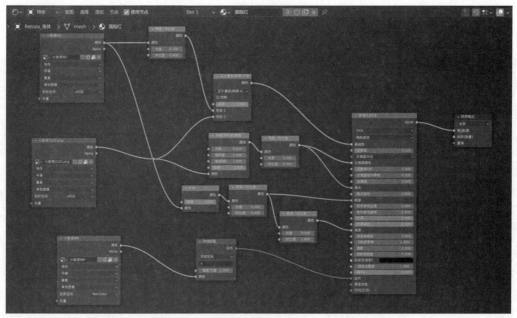

图8-54 节点连接-2

小贴士

如果最初设置了高光、糙度等细节，可以先把高光清零，糙度拉满，还原出模型最原始的颜色，绘制完成之后再调整回去。如果直接切换笔刷无法绘制，可以先切换为物体模式（按组合键 Ctrl+Tab），再切换为图像绘制模式（见图 8-55），以获得物体的 UV 坐标信息，然后进行绘制。

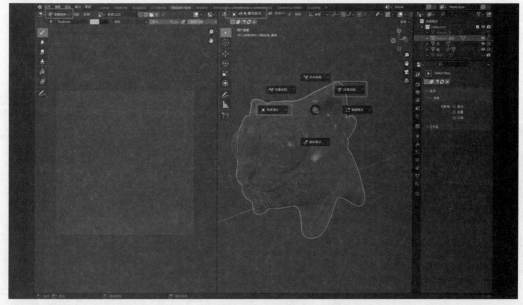

图8-55 切换模式

8.2.4 任务练习

从零开始结合所学的知识使用Blender建模创造胭脂红瓷虎，最终效果参考图8-56。通过实例化练习，进一步理解法线贴图、UV、纹理映射等计算机图形学基础知识，以及在Blender中的具体应用。

　　在胭脂红瓷虎这个案例中，用一张UV贴图实现了对颜色、糙度、高光、法线等细节的统一控制，更加深刻理解了PBR纹理映射，材质贴图的内涵，这为后续完成更加复杂、宏大的工程奠定了坚实的基础。

图8-56　最终效果

8.3　本章总结

　　本章的综合案例让我们更加深刻地理解了PBR材质渲染输出的原理和流程。相信读者通过本章的学习，也已经对于Blender软件中的PBR材质设置和具体的操作步骤有了更深层次的理解。其实比起有样学样或者纸上谈兵，只有按照自己的理解一步一步探索，明白自己在做什么，认真完成好每一步，推敲每一个细节，反复观察、修改，才能真正明白其中的原理，体会三维建模的乐趣和成就感。

综合案例：NPR材质与渲染

NPR（Non-Photorealistic Rendering）即非真实感绘制。与追求物理真实的 PBR 相反，NPR 是一种风格化的渲染方式，深受油画、素描、卡通等多种风格的艺术作品的影响。NPR 渲染以最终效果为导向，有多种多样的实现思路和手段，因此综合性也较强，需要灵活运用所学的知识。本章将从水墨和水彩两种风格的案例实践出发，带领大家学习 NPR 材质的制作思路和渲染方法，掌握由效果倒推实现方法的思维方式，在实践中灵活运用所学的知识。

- **学习目标**

1. 了解 NPR 渲染效果的实现思路、流程，体会 NPR 渲染中的效果导向式思维方式，学习以材质节点为中心的 NPR 材质制作技巧。

2. 体会从整体到局部，从氛围到细节的思维，并在搭建场景、制作材质、制作动画等多个方面灵活践行。

3. 学习分析、拆解风格化作品的特点，尝试独立构思实现方案，培养艺术和逻辑的综合思维，并在搭建场景、制作材质等方面灵活践行。

4. 学习以贴图绘制为中心的 NPR 材质的制作技巧，掌握镂版绘画等高效、高质量的贴图绘制方式。

✎ **逻辑框架**

本章 NPR 材质与渲染的思维导图如图 9-1 所示。

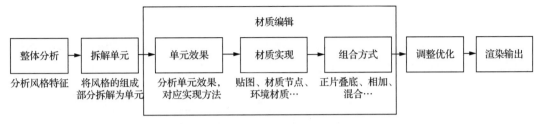

图9-1 NPR材质与渲染思维导图

9.1 水墨材质案例实践

NPR渲染追求渲染效果的风格化、个性化，其理论知识丰富多样，又复杂抽象。本节将带领大家完成一个完整的水墨场景实践案例，学习水墨材质的制作技巧，帮助读者在实践中理解NPR材质制作与渲染的思路，培养"艺术+逻辑"的综合思维方式。

在学习三维水墨场景前，先分享一个Photoshop的通道抠图技巧，以帮助读者快速、准确地将水墨画进行分层处理。

9.1.1 PS通道抠图

1. 选取大致轮廓

确定好要进行抠图的对象，使用锁套工具勾勒出大致形状，按组合键Ctrl+C复制。新建一个文件，选择新建剪贴板（见图9-2），新建完成后按组合键Ctrl+V粘贴勾勒的图形，将图形图层和背景图层合并。之后我们将在这个新文件中进行通道抠图。

通道抠图神技

图9-2 PS新建文件界面

2. 蒙版抠图

（1）创建蒙版：按组合键Ctrl+A全选当前图层上的所有像素，并使用组合键Ctrl+C复制所有像素，然后单击图层面板下方的蒙版按钮 ◙ 新建蒙版。

（2）填充蒙版：按Alt键单击"蒙版"即可进入蒙版，使用组合键Ctrl+V把图形粘贴到蒙版中。

（3）反相：按组合键Ctrl+I进行反相，即可让蒙版中像素的黑白关系反转。

（4）调整对比度：按组合键Ctrl+L调出"色阶调整"面板，加强蒙版的黑白对比度。

（5）切换回图层显示：按Alt键单击图层退出蒙版视图，此时可以发现，抠图已经基本完成。

通道蒙版抠图法实际上是通过蒙版的黑白信息控制像素的透明度。蒙版中黑色的部分代表透明度为0，白色的部分代表透明度为1，灰色的部分透明度在0和1之间，灰度值决定透明度。

3. 画笔补充

对蒙版的色阶进行调整后，画面中有些部分可能比较模糊或完整性较差，我们可以使用画笔工具手动地进行一些调整。选择一个带有一定肌理的笔刷，调整大小、流量、平滑等参数，选择黑白色，选中蒙版并在蒙版上进行绘制，如图9-3所示。涂白的区域透明度较高，涂黑的区域透明度较低，涂灰的地方则为半透明。在绘制时，可以通过对蒙版的绘画来实现对画面像素的控制，比如，修复边缘、擦除不和谐的地方、结合原作的绘画风格进行简单的补充等。

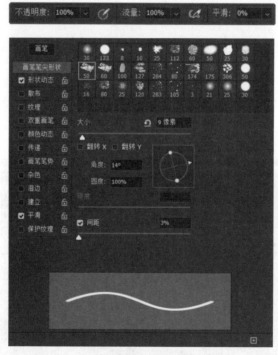

图9-3　PS笔刷设置

小贴士

在绘制蒙版时，若背景透明不利于观察，则可以在最下方放置一个纯色图层作为背景，便于对比。可以根据情况选择白色背景、黑色背景或其他颜色的背景。最后，在保存图片时，要注意关闭纯色背景图层。

4. 素材使用

选中蒙版，单击鼠标右键，在弹出的快捷菜单中选择"应用蒙版"选项，该图层的图像就是我们需要的素材。使用以上方法，可以处理出多组素材。在处理多种不同的素材时，可以将处理好的素材图片拖到画作上，检验素材和画作风格是否匹配，有无不和谐的地方，若有不和谐的地方还可以继续处理。

9.1.2　场景搭建

本小节会向大家介绍场景如何搭建及一种新的建模工具"融球工具"。同时，还将重点介绍通过三维场景还原2D画作氛围的技巧，学习场景搭建的整体思路。

1. 准备工作

导入参考图，降低参考图的透明度，如图9-4所示。新建摄像机，以参考图视角为依据调整好摄像机的视角。选中参考图，打开属性，将"深度"设为"前"，这样参考图会始终显示在模型前，便于参考，如图9-5和图9-6所示。

图9-4　降低参考图的透明度

图9-5　设置深度前

图9-6　设置深度后

2. 水墨风格特征提取

（1）观察参考图

为了用三维场景展现水墨风格，我们需要充分地观察参考图，提取特点、总结特点，为之后的建模和材质制作打下基础。同时将来制作其他NPR风格的场景时，也要注意对风格进行观察和总结，掌握用三维还原二维氛围的思路和技巧。

观察参考图当然不是盲目的，可以从画作的线条与形状、颜色和氛围、景别层次等方面入手，尽可能联想在之后的建模和材质中自己可能需要了解的点，以此为依据来充分观察参考图。图9-7为本节参考的画作——潇湘奇观图。

图9-7　潇湘奇观图

（2）线条与形状

以本案例参考的潇湘奇观图为例，其线条以曲线为主，山石形状都较为圆润，没有尖峰；画面线条也多以曲线为主，几乎没有直线、折线，如图9-8所示。因此，在之后的建模中，要注意这种形状和曲线的表现。

图9-8　潇湘奇观图-曲线

（3）颜色和氛围

水墨画留白较多，色彩淡雅，以黑白灰色调为主。画作的纸张质感看起来较为粗糙，因此放大来看，笔触也显得较为毛躁，有肌理感，如图9-9所示。

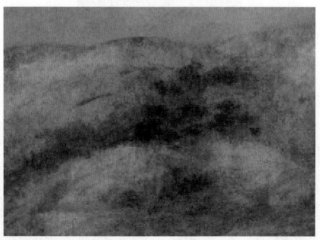

图9-9　潇湘奇观图细节放大

（4）景别层次

从整体来看，画作中山石分布松散稀疏，构图丰富但不满，景别层次清晰。画面景别可以分为前景、中景和远景。从前景到远景，颜色依次减淡，有雾气弥漫的感觉。同时，景物细节和丰富度也是依次递减，前景的植被和山体细节最为明显，如图9-10所示。在场景搭建的过程中，我们应当学习画作的层次感和节奏感，从而更好地还原氛围，让构图更加精美。

图9-10　潇湘奇观图景别层次分析

3. 模型

（1）融球工具建模

融球搭建山体

按组合键Shift+A创建融球。创建出融球后，可以看到右边的属性栏多出了一个图标，这个图标是融球的属性。在融球属性面板中可以调节视图分辨率，分辨率越低，球的精度越高、越圆滑。本案例中将"视图分辨率"调整到"0.1m"即可，如图9-11所示。

选中刚才新建的融球，按组合键Shift+D再复制出一个新的融球，移动新的融球时，相邻融球之间会产生一个自然的吸附和相融，如图9-12所示。利用这种方法，多次复制融球，移动位置、调整大小，就可以简单、快速地创建出类似山形状的模型。

图9-11　融球设置

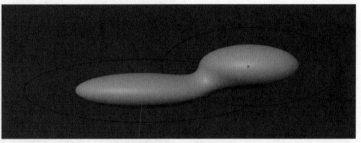

图9-12　融球建模

在进行建模时，要注意观察参考图，建模的形状应和参考的山体轮廓大致相似，便于之后绘制贴图。当融球建模的形状基本理想时，用鼠标框选住所有融球，单击鼠标右键，在弹出的快捷菜单中选择"转换到网格"选项将融球转换到网格。

新建一个平面，放大后作为水面。将主要关注水面以上的山体模型，水面以下的部分之后会被裁切掉。

（2）雕刻

将融球转换到网格后，布线会发生混乱。打开线框显示，就可以看到交错的线条。进入雕刻模式，单击右上角的"重构网格"，网格就会变得有规律，如图9-13、图9-14所示。再单击选择"网格重构"旁边的"动态拓扑"，将"细节"选择为"恒定细节"，并把"分辨率"调整到"5"左右，如图9-15、图9-16所示。

图9-13　重构网格选项面板

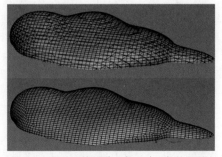

图9-14　重构网格前（上）后（下）效果对比

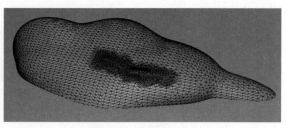

图9-15　动态拓扑选项面板　　　　　　　　　　图9-16　动态拓扑后

接着，使用雕刻模式的笔刷调整细节。首先用弹性变形笔刷调整形状，再用黏条笔刷顺着山体结构走向涂抹，勾勒一些细节，制造沟壑，具体参考画作中山的样式进行雕刻。

雕刻好后的模型是面数较高的高模，为了提高性能，用Quad Remesher插件进行重拓扑，将"网格计数"设置在1500左右即可，如图9-17所示。重拓扑完成后开启平滑着色。

图9-17　Quad Remesher插件设置

小贴士

如果重拓扑后又觉得形状不满意，可以先对模型进行细分，再进入雕刻模式继续处理细节、调整形状，直至形状满意后再使用插件进行重拓扑。一定要保持耐心，仔细调整。

（3）增加模型与摆放

复制已经做好的山体模型，通过缩放调整形状，用雕刻笔刷调整细节。如此就可以快速制作好多个山体模型，然后摆放即可。

摆放模型时，要参照好参考图的层次关系，确定好前景、中景和远景。不同的山体在纵向摆放时要有距离和层次，在横向摆放时要相互交错，使得画面更有节奏感。可以增加摄像机视角窗口，在摆放的同时观察摄像机视角的画面，确保构图的准确和美观。注意前景、中景和远景之间的距离，不同景别之间要留有一定的空间，留有之后做摄像机动画时运镜的余地，摆放布景后的正视、俯视如图9-18、图9-19所示。

小贴士

在实际的三维场景制作过程中，模型位置不一定要和参考图的摆放完全一致，而要根据摄像机视图的情况做适度调整，只要注意好画面的层次、节奏感和平衡感即可。

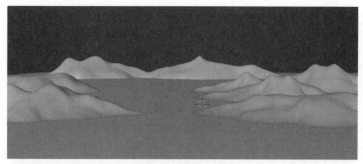

图9-18　布景-正视

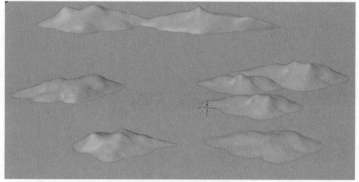

图9-19　布景-俯视

（4）切割

用布尔修改器切割山体时，只要把水面以下的山体剔除即可。

复制一个湖面，进入编辑模式，用E挤出面，让平面变成立方体，然后依次给各个山体添加布尔修改器。

场景整理

在减去湖面之前，打开视图叠加层 ，打开面朝向 检查表面法线，蓝色表示朝外，红色表示朝内，如图9-20所示。如果有面朝向相反的情况，则进行布尔运算可能出错，需要先选中计算出错的所有面，使用组合键Shift+N后再选择重新计算外侧。

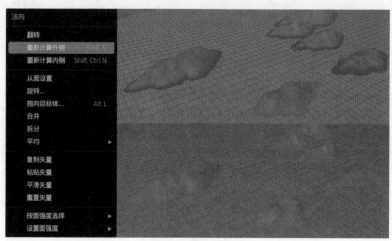

图9-20　翻转法线

面朝向正常后，依次将每一座山应用修改器，减去立方体。此时每座山模型都是一个封闭的模型，山的底部是被面完全封闭的。也可以在编辑模式下去掉底部的封闭面，方便之后展开UV。

9.1.3　镂版绘画

镂版绘画的具体操作方法已经在本书第6章中进行了详细介绍，请读者认真复习。接下来，我们将使用镂版绘画工具绘制贴图。在进行绘制之前，注意确保模型UV展开正确。

镂版绘画

1. 观察参考图

在绘制贴图时，首先观察参考图，并侧重观察山体的纹理、走向等细节，山脊和山谷的绘制方式等。

以图9-21中的这座山为例，通过观察可以发现山脊高处为白色，低处为黑色，结构突出。在绘制贴图时，我们就需要参考山体模型的这一结构，并根据结构确定颜色。

图9-21　潇湘奇观图-山体局部

2. 选取素材

查看自己的山体模型，找到一个和模型纹路较为贴合的图片作为绘制素材。如果找不到非常相似的素材，可以观察模型局部和素材局部的匹配度，从而选择出可以满足细节绘制需求的素材图片。另外，可以选择一些笔触比较明显的图片作为素材，以增加贴图上的肌理效果。

3. 绘制肌理效果

（1）将素材摆放到合适的位置

将图片素材的大小、角度进行调整，和需要绘制细节的部位对齐。比如，图片素材的山脊应该对准模型的山脊，图片素材和模型的山脊走向应一致，这样绘制的纹理也会更加自然。

（2）颜色铺满

在绘制时要保证每一个面上都有我们绘制的颜色，因此刚开始绘画时，可以先放大镂版图像，将模型上所有的部位都均匀地铺满，作为底色（见图9-22）。底色铺满后，再结合模型形状等勾勒细节。

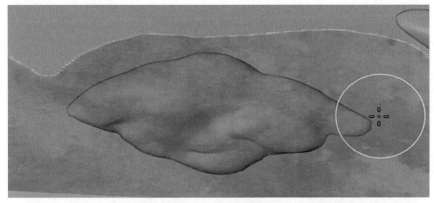

图9-22　放大与铺色

（3）绘制细节

细节的绘制重在突出模型的凹凸结构，即表现山体模型的"沟壑"。在进行镂版绘画时，可以使用镂版图像的细节来绘制贴图细节，不同的图像细节可以在一个位置交叉使用，同一个图像细节也可以在不同的位置上绘制出相似的结构。建议多次调整镂版图像，增加变化，灵活使用，丰富层次感（见图9-23）。

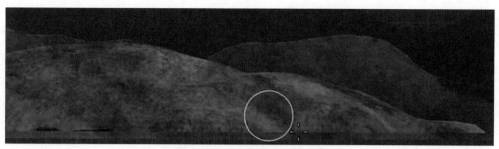

图9-23　镂版图像绘制山沟细节

（4）纹理衔接

从2D到3D，要格外注意解决错误的小问题（见图9-24）。一些在2D平面上看不到的地方，在3D模型上也要完成制作，因此必须要注意贴图的衔接，比如正面和背面的衔接，高处和低处的衔接。注意调整模型的角度，确保每个面都填充了色彩。

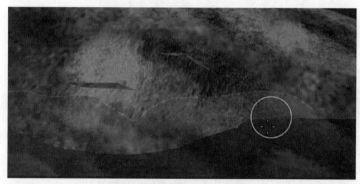

图9-24　角度导致的小错误

不过，那些在2D平面上看不到的部分的色彩，我们要如何确定呢？

一方面，我们可以根据自己对2D画作的观察，合理进行"插值"以决定大致的色彩走向；另一方面，我们可以放大那些素材上处在颜色过渡区域的细节，用素材上的过渡色作为模型上"可见"和"不可见"部分的过渡色（见图9-25）。

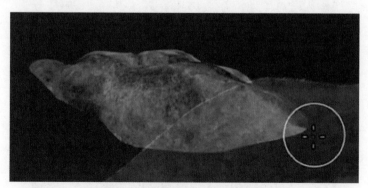

图9-25　修复正面和背面的不自然衔接

9.1.4　材质与环境

本节将讲解水墨案例中山体和水体的材质制作方法，以及环境背景的制作方法。

1. 水体材质

（1）质感

为了突出水墨画的效果，在山体、水体及环境中，我们都要强调纸张的质感，

材质与环境

以更好地还原水墨画的效果。为了丰富纸张的质感效果，使用毛边纸和宣纸两种不同的纸纹理素材，并混合它们的RGB值。

直接将图片拖入区域内，或按组合键Shift+A新建纹理->图像纹理，打开对应的纹理图片，这两种方式都可以新建对应图像的图像纹理。选中"图像纹理"，按组合键Ctrl+T添加纹理映射。通过调节纹理映射节点的旋转、缩放和位置参数，可以调整纹理的方向、大小和偏移量；通过调节"色相/饱和度""亮度/对比度"等节点的参数可以调整颜色和突出纹理效果等（见图9-26）。

使用"混合RGB"节点来混合两种纸纹理，注意该节点和"混合着色器"节点的差别。最终纸纹理质感输出如图9-27所示。

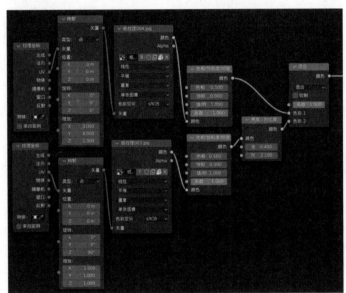

图9-26　纸纹理质感　　　　　　　　　　　图9-27　纸纹理质感输出

如果还想调节一下颜色，可以多加一个正片叠底类型的混合RGB节点，单独控制颜色（见图9-28）。

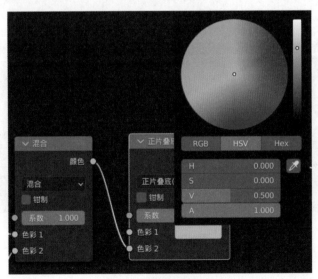

图9-28　控制水体颜色

（2）镜面反射

要调节出水的镜面反射效果，主要需要调节原理化BSDF的金属度、高光和糙度3个参数，即调高金属度和高光，减小糙度。其他无关参数可以调为零（见图9-29）。

图9-29　原理化BSDF参数-水体镜面反射

（3）水波纹

改变材质的法向，可以体现出水纹的凹凸质感。可以利用较常用的噪波纹理来构造类似水纹效果的法向信息。

按组合键Shift+A新建纹理->噪波纹理，按组合键Ctrl+T添加纹理映射（见图9-30）。调整纹理映射的缩放，以调节噪波纹理整体的大小。调整噪波纹理节点的缩放、细节、糙度及畸变等参数，以使纹理更丰富，线条更接近水波纹，如图9-31所示。

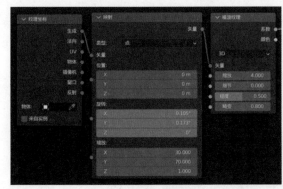

图9-30　噪波纹理

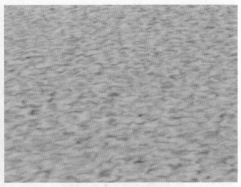

图9-31　噪波纹理输出

新建一个凹凸节点，将噪波纹理的黑白颜色信息作为凹凸节点的高度输入（见图9-32），凹凸节点会将黑白高度图转化成法向信息，输出图如图9-33所示。

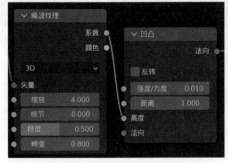

图9-32　噪波黑白图至法向图

图9-33　法向图输出

最后，把凹凸节点输出的法向信息接入原理化BSDF的法向处即可（见图9-34）。在调整水波纹效果时，一方面我们需要结合对水波纹形状的认知，另一方面需要注重场景画面的整体氛围和节奏，从而调整水纹的疏密。可以观察水面山体的倒影来调整，也可以增加一个光源，通过观察水面光影来调整，水波纹输出如图9-35所示。

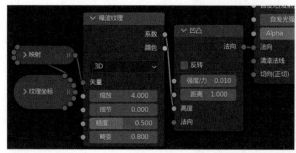 

图9-34　水波纹　　　　　　　　　　　　图9-35　水波纹输出

小贴士

噪波纹理等程序化纹理具有参数可调、能体现一定自然规律的特点，是在水体、云、地形等许多看似杂乱又有规律性的形体构建中常用的实现策略。

（4）径向渐变

首先将水面的材质打组，方便操作。框选住节点，单击鼠标右键，在弹出的快捷菜单中选择"群组"选项，按组合键Ctrl+G将打组后的节点组重命名，并将材质混合模式设为Alpha Hashed，以保证透明效果。

使用一个平面作为水体，是为了防止在后期制作动画时看到平面的边界造成失误，可以对平面进行透明度的径向渐变。为此，需要构建一个径向渐变的黑白遮罩，作为将透明BSDF和之前完成的水面BSDF混合的系数。首先创建一个颜色渐变节点和渐变纹理，将渐变纹理类型设置为"球形"，并为其创建纹理映射，调整大小。为了使颜色过渡缓和，可以将颜色渐变设为"B-样条"，但若其过渡依然生硬，还可以再用"RGB曲线"节点来做进一步处理（见图9-36），效果如图9-37所示。

图9-36　径向渐变遮罩属性设置　　　　　图9-37　径向渐变遮罩效果

最后将透明BSDF和湖面节点混合（见图9-38），效果如图9-39所示。

2. 山体材质

在9.1.3小节的镂版绘画中，已经为山体绘制好了贴图作为山体材质最主要的组成部分。接下来将介绍一些可以继续完善和优化山体材质的方法。

（1）混合山体材质与水体材质

在不做任何处理的情况下，可以观察到：山水之间存在着一条非常明显的分界线，格外"出戏"。为了让山水之间过渡自然，借助Blendit插件完成。

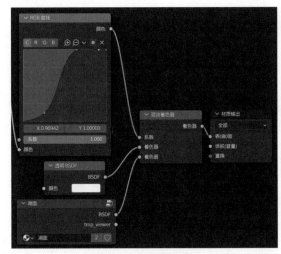

图9-38　混合属性设置

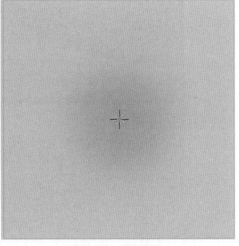

图9-39　混合效果

打开此插件，先选中一座山，再选中水面，然后单击"创建动态混合"按钮，插件就会自动融合两种材质。如果想调整融合效果，可以在简单模式下调节最大距离（见图9-40），或在"高级"模式下调节距离、渐变、混合因数等（见图9-41）。

图9-40　Blendit简单模式

图9-41　Blendit高级模式

（2）远山材质

我们需要远处的山作为背景，丰富我们的画面。远山背景不需要建模，可以通过导入图片作为平面，修饰其材质实现。使用Import Images as Planes插件可以快速将图片导入为平面。导入的图片为PNG格式，若不做处理，则图片透明部分会变黑。首先将图片纹理的Alpha通道接入原理化BSDF的Alpha通道，其次将原理化BSDF的混合模式设为Alpha Hashed，设置前后效果对比如图9-42所示。

图9-42　混合模式设置前（上）后（下）

　　完成以上设置后，我们成功地将一张具有透明度的图片以平面的形式放入了场景中。为了让其更好地融入环境，一方面需要调整其大小和位置，另一方面还要调整颜色。可以把视图切换到摄像机视图，在视图着色模式下一边观察一边调整。作为远景，远山的颜色应偏弱偏浅，以丰富画面层次但不喧宾夺主，可以减弱对比度，减弱亮度，让山变灰，如图9-43所示。

图9-43　远山效果

　　山水画讲究"写意"，画家在描绘远景时常常以淡淡的笔触突出朦胧之美，有一种雾气弥漫山间的效果。我们在刻画远山材质时也应当注意到这一点，思考如何体现雾气笼罩的美感。在这里，可以选择的方案是给远山增加一个自上而下的透明度渐变，让山从顶部到底部逐渐透明，打造类似雾的感觉。

　　在实现上，主要是利用颜色渐变和渐变纹理（见图9-44），先做出一个从上到下由白色渐变到黑色的遮罩（见图9-45），再用遮罩输出的黑白信息控制透明度。

图9-44　纵向透明度渐变

图9-45　黑白渐变遮罩

最后，将遮罩和图片纹理的Alpha信息以正片叠底的形式进行RGB混合后作为新的Alpha输入即可。图9-46展示了远山材质的完整节点连接，最终效果如图9-47和图9-48所示。

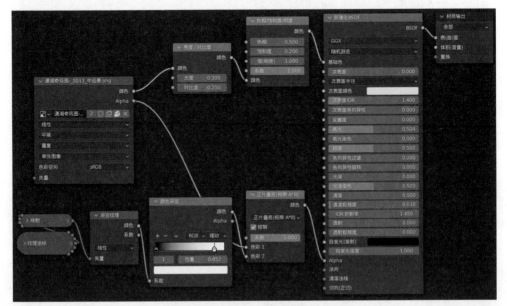

图9-46　远山材质

图9-47　远山效果-单独

图9-48　远山效果-全景

3. 环境

环境部分的节点连接比较简单，制作纯色背景即可。不过为了突出纸张的质感，可以把纸纹理导入为图片纹理，调整其缩放和亮度对比度后便可直接作为背景颜色输入。为了配合整个场景的基调，背景颜色还是以浅灰色为主。同时，也可以根据自己的需要混合一个颜色渐变的节点，进一步调整颜色，丰富细节。

图9-49为完整的环境节点连接参考，最后效果如图9-50所示。

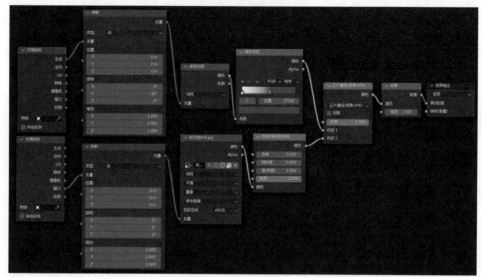

图9-49　环境节点连接

图9-50　环境效果

◇　环境光会对物体材质的基础色产生影响。在调整完环境材质后，也不要忘记对水体、山体等材质的参数进行调整。只有保持耐心，认真对比效果，反复调整，才能做出最理想的画面。

9.1.5　植被贴图

本小节我们为场景加入植被，以更好地丰富场景。植被的摆放考验大家的审美和构图技巧，希望大家在本节多尝试、多参考、多体会，以提高对美的敏感度。

1. 素材导入与选择

新建平面，并为平面新建材质。编辑材质，新建一个图像纹理，并打开已经抠好图的植被素材，用和9.1.4小节处理远山图片时相同的方式恢复图片的透明度。可以看到，这张素材整合了所有类型的植被，可以编辑平面的UV，选择自己当前需要的植物，这样使用该材质的不同平面就可以是不同的植被（见图9-51）。可以多新建一些平面，选取不同的植被素材作为备用素材。

植被贴片

图9-51　UV控制植物种类

2. 摆放植被

在摆放植被时，要注意两点：一是透视；二是构图。

摆放要遵循透视，即近大远小的规则：远处山上的植被较小，近处山上的植被偏大。我们的操作始终为画面的最终效果服务，可以先确定好植被在山上的位置，再在摄像机视角下观察画面，调整植被的大小。

此外，还要注意构图。过密的植被会显得画面杂乱，破坏意境，在安排植被时要注意数量和位置，尽量减少植被的重叠。植被的安排也应该具备层次感，同一座山上的植被要相互交错，摆放在不同的位置；处在不同景别的植被，位置也要尽量错开，减少重叠。为了满足上述条件，建议大家在摄像机视图下细致调整植被的具体位置，以完成对画面的整体把握。

如图9-52所示三座山的植被相互交错，富有层次感，摄像机平视画面下也更加美观。

图9-52　植被摆放

9.1.6　批量植被

在9.1.5小节中，由于我们所需要的植被数量不多，只需复制出一定数量的植被，手动摆放即可。但是，当场景中需要放置大量植被时，手动摆放的效率就太低了，此时，可以借助粒子系统来快速完成大量植被的摆放。

　　本例中的场景并不需要太多的植被，植被过多会破坏美感。但本小节仅以教授技巧为目的，基于本例场景进行基于粒子系统的批量摆放植被的教学。

　　1. 植被分组

　　我们先挑选几个植被贴图导入工程，按Shift键全选所有的植被贴图，按M键新建集合，并命名为"树木组"，完成植被分组后，再将树组挪到相对空旷的位置并呈一字排开，以便后续观察（见图9-53）。

图9-53　植被分组集合

　　然后回到正视图，对每一颗树进行旋转调整，将其根部对齐，对齐后按组合键Ctrl+A将旋转重置为0。再选中树，打开"工具"菜单，勾选"仅影响"为"原点"复选项（见图9-54），将每一棵树的原点移动到树的根部位置，便于后续操作。

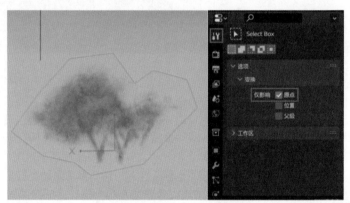

图9-54　修改中心点的位置

　　2. 粒子系统

　　将植被组调整好之后，我们用粒子系统和这个植被组中的素材来让原本光秃秃的山上按照我们的需求批量生成植被。

　　先选中需要生长植被的山，然后在粒子属性中添加粒子系统，并切换为毛发粒子系统（见图9-55），毛发粒子系统是指会在选中模型的表面生长出毛发。

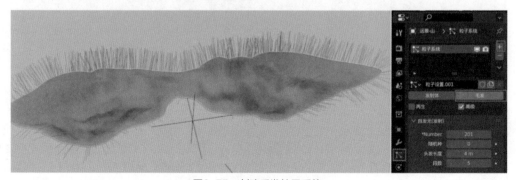

图9-55　创建毛发粒子系统

将"集合"下拉选项下的"实例集合"修改为"树木组—远景"（见图9-56），毛发生长的根部位置就是前面我们确定的树木中心点位置，这也就解释了为什么要将树木组中的树木中心点修改为树根，如果中心点越高，树木会插在土里越深，反之越浅，甚至出现悬浮状态。

图9-56　实例集合

然后根据情况调整数目和毛发的长度，再打开"高级"选项面板，勾选"旋转"复选项，根据效果需求选择将旋转"坐标系轴向"改成"物体X"（或Y或Z）轴，再调整"随机"的数值，让树的旋转有一定的随机性，从而更真实、自然（见图9-57）。

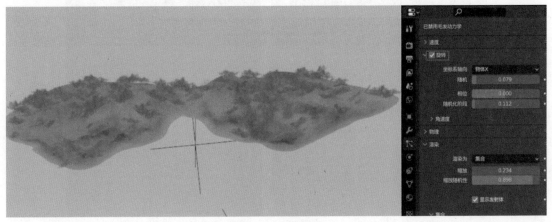

图9-57　设置细节

3. 顶点组

不过，树木的生长位置也不是完全随机的。我们知道，一般河边、沙滩边等位置很难生长大树，所以山近水的边缘区域不应该有树，即我们需要限制"毛发"生长的范围。

在这里采用顶点组的方式来加以限制。选中山体模型，切换到"物体数据"属性面板下，按Tab键进入编辑模式，按1键用顶点选择的方式，按T键打开"工具"面板，单击"选择"下拉菜单中的"随机选择"选项（见图9-58），以确定树木生长的随机点。然后在"工具"面板中长按选择工具切换成"刷选"（见图9-59），按Shift键刷选内陆区域，按Ctrl键刷选减选沿水区域。

刷选之后在"物体数据"属性的顶点组中添加一个顶点组——"树木生长区域"，单击"指定"按钮，即可完成顶点组的创建（见图9-60）。创建完成之后再次切换到粒子系统，在"顶点组"中，将"密度"选为"树木生长区域"，即可完成树木生长范围的限制（见图9-61），使用粒子系统制作出的最终效果如图9-62所示。

图9-58　选择创建顶点组-1

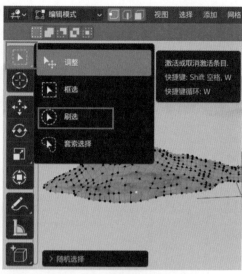

图9-59　选择创建顶点组-2

图9-60　指定顶点组-1

图9-61　指定顶点组-2

图9-62　粒子系统最终效果

小贴士

原本的 Blendit 不要动，它是在前文材质混合时插件自动生成的。

9.1.7 动画输出

动画与输出

1. 动画设置

本小节试做一个1min的小动画，以24帧/s的帧率计算，共1440帧。打开时间线窗口，如图9-63所示，确定起始帧和结束帧。

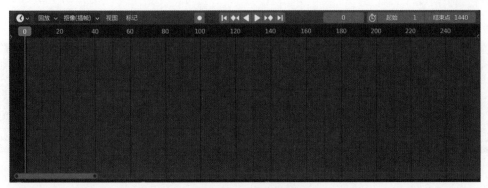

图9-63　时间线面板

2. 水面关键帧动画

接下来做水面波动的动画，为水体材质添加关键帧。回顾前文中制作水体材质的知识，水波纹主要由噪波纹理控制，水面波动效果无需改变水纹形状，但可以让水纹的位置做缓慢偏移，以体现流动感。

打开水体材质，选中噪波纹理后的纹理映射节点（见图9-64），将鼠标悬停至"旋转"下的X并单击鼠标右键，在弹出的快捷菜单中选择"插入关键帧"（见图9-65），这时X、Y、Z这3行会变为黄色，时间线上可以看到显示的关键帧（见图9-66）；再快速将时间轴拖到1440帧，把X值改为30，插入关键帧。试播放一下，水面已经有了波动的效果，但由于Blender会自动插入缓动关键帧，因此水面波动速度会不一致。

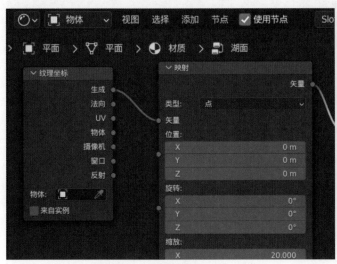

图9-64　选中纹理映射节点

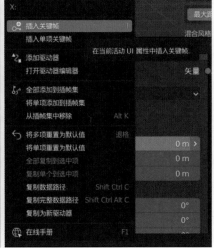

图9-65　插入关键帧

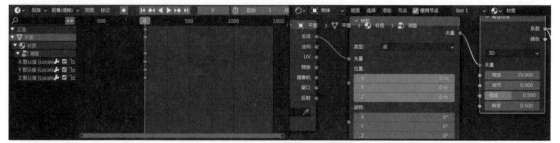

图9-66 插入关键帧后的时间线面板及节点

　　将视图切换到曲线编辑器，可以看到现在的速度是非线性的（见图9-67），中间快，两边慢。而我们希望水匀速流淌，所以框选曲线，单击鼠标右键，在弹出的菜单中选择"插值模式"->"线性"即可达到水匀速流淌的目的，此时速度曲线如图9-68所示。

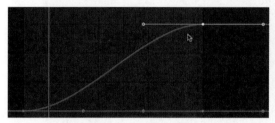

图9-67 速度曲线-缓动

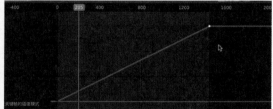

图9-68 速度曲线-匀速

3. 摄像机运动

（1）运动路径

　　首先对摄像机的位置和旋转设置关键帧动画，制作一个由近到远、从局部到整体的动画。

　　① 初始位置即第0帧：调整摄像机到一个靠近山的位置，确认构图，按I键插入位置和旋转的关键帧（见图9-69）。

图9-69 起始帧画面

　　② 结束位置即第1440帧：将摄像机拉远到一个开阔的视野，确认位置并插入关键帧（见图9-70）；

　　③ 中间位置即第700~800帧：微调摄像机的旋转角度，让动画更加自然、流畅。如果觉得运动不够丰富，也可以在中间帧附近多增加几个关键帧，只要调整幅度，使其看起来自然即可（见图9-71）。

图9-70　结束帧画面

图9-71　中间帧画面

　　这一步骤中设置关键帧的难度不大，但难的是寻找合适的角度。起始帧聚焦局部，要把需要强调的主体山放在画面视觉可以引导到的地方，同时还要注意山体间的曲线走向和层次结构。因此，在起始帧和结束帧这两个关键的位置，要格外注意画面构图。教学视频中，我们强调左侧的山，它占据画面左侧大部分内容，和其他层次的山对比鲜明，且视线内的几座山都是向下向右的走向，也为下一步摄像机的向右运动提供了视觉引导。而结束帧着眼整体，体现开阔感和意境，就需要找到一个可以让画面颜色和层次达到平衡的视点。

　　（2）光圈与焦点

　　添加虚焦的效果，可以让摄像机动画更加自然。选中摄像机，打开景深，"光圈级数"控制虚焦效果，参数越小，虚焦效果越明显，我们暂时将参数调到0.5（见图9-72）。

　　新建一个空物体，将图9-72的"聚焦到物体"设空物体为聚焦物体。接下来，我们同时为空物体的位置和光圈级数设置关键帧。

图9-72　光圈设置

　　初始位置即第0帧：为了增强层次感，我们把空物体放到左侧的中景山上，并把"光圈级数"调到"0.5"，整个场景从前景到远景就会呈现出虚—实—虚的节奏感（见图9-73）。调整好后为空物体和光圈级数插入关键帧。

图9-73　起始帧聚焦

　　中间位置即第700～800帧：开始逐渐强调画面的整体感，因此找到画面整体的一个平衡位置作为焦点，插入关键帧。教学视频中选择了左右两山之间的水面某处位置作为焦点（见图9-74）。此时不再强调景深，可以将"光圈级数"调大至"2"左右并插入关键帧。

图9-74　中间帧聚焦

4. 输出设置

查看软件右下方的属性面板，切换至输出属性。首先检查分辨率、帧率、起始帧和结束帧等信息，检查完毕查看输出面板。默认的输出面板如图9-75中的左图所示，第一行决定输出位置，读者可自行设置。将"文件格式"改为"FFmpeg视频"格式，并将编码调整为"H264 in MP4"（见图9-76），"编码"栏展开后还有视频、音频质量等细节设置，读者可自行调整。完成设置后再检查渲染设置，检查无误后单击"渲染"->"渲染动画"，渲染完毕就可以在设置的路径找到输出的视频了。

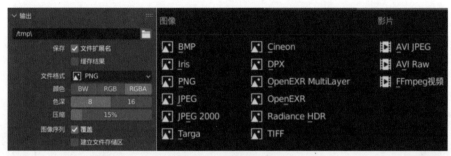

图9-75　输出格式设置

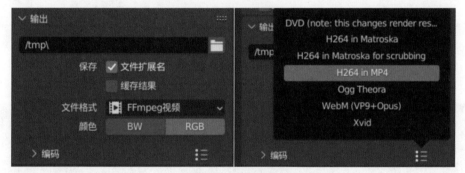

图9-76　编码设置

小贴士

渲染视频的速度一般较慢，有时我们可以根据情况调整一下渲染设置，降低采样率。本节完成的场景注重风格化，精细度不高，因此采样率设为 8 就可以达到不错的效果。如果使用 Cycles 引擎渲染，则可以把"渲染设备"换成"GPU"，并单击"编辑"->"偏好设置"->"系统"，便可在图 9-77 所示的面板中进行设置。

图9-77　渲染设备设置

9.1.8 任务练习

（1）观看教学视频，完成水墨场景的案例并输出一段动画。

（2）掌握以下知识点。

① 素材处理的技巧。

② 镂版绘制贴图的基本方法。

③ NPR材质的构成。

④ 粒子系统及毛发生成。

⑤ Blender关键帧动画及摄像机动画。

9.2 水彩材质案例实践

通过水墨材质案例实践，大家已经掌握了NPR渲染的基本思路。本节将带领大家完成水彩风格的材质制作，帮助读者进一步理解材质节点的风格化渲染思路，拓展创意。

9.2.1 纸纹理背景

1. 水彩纸

打开环境节点面板。

（1）添加纹理映射

新建图片纹理，导入准备好的水彩纸素材。选中图片纹理，按组合键Ctrl+T添加纹理映射。将纹理坐标节点的窗口连接到纹

NPR 水彩玫瑰　　纸纹理背景

理映射节点的矢量，这时系统就会以窗口为标准重新展开纹理，此时可以比较清晰地看到图片细节。可以增大纹理映射节点的缩放系数，让图片纹理多次重复，从而缩小细节（见图9-78）。

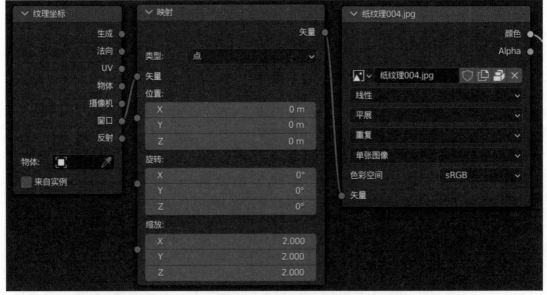

图9-78　水彩纸背景

（2）调整颜色

我们使用的纸纹理图片本身是偏黄色的，但我们希望得到的效果是灰白色，因此需要调节图片纹理的颜色。在图片纹理节点后增加一个"亮度/对比度"节点，再增加一个"色相/饱和度"节点，增大光度，使背景发白，再增大对比度，表现颗粒感，同时降低饱和度，使背景变为灰色（见图9-79）。

图9-79　颜色调整

（3）打包节点

框选图9-80中的节点，单击鼠标右键，在弹出的快捷菜单中选择"群组"，或按组合键Ctrl+G。

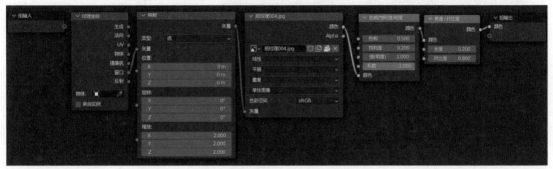

图9-80　水彩纸组

打组后，几个节点会被单独显示出来，左右两端分别增加了"组输入"和"组输出"两个节点，顾名思义，即这组节点最初的输入信息和最后的输出信息。按Tab键可以退出或进入这组节点。可以将节点组重命名为"水彩纸"（见图9-81），方便规范和后续使用，效果如图9-82所示。

图9-81　节点组　　　　　　　　　　　　　图9-82　效果图

2．光程节点

增加纸纹理背景后我们发现，花朵模型受到环境影响变成了灰色，需要利用光程节点排除环境光对模型着色的影响。因此，新建一个混合RGB节点，将之前的纸纹理背景的输出作为色彩2，纯黑色作为色彩1。新建一个光程信息节点，将第一项"是摄像机射线"作为混合RGB的系数（见图9-83），光程节点效果如图9-84所示。

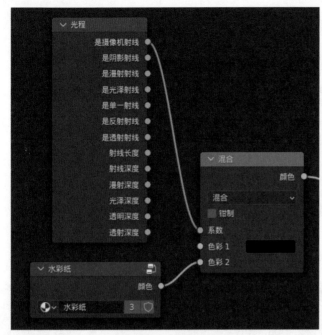

图9-83 光程节点

图9-84 光程节点效果

"是摄像机射线"这一属性代表所有被摄像机拍摄到的三维物体的像素范围，当这个属性作为"混合"节点的"系数"产生作用时，玫瑰花是摄像机拍摄到的三维物体，受"色彩1"影响而变为黑色；背景虽然也在摄像机拍摄的可见范围内，但其并不是三维物体，因而受"色彩2"影响变为水彩纸的纹理。

3. 渐变效果

新建一个渐变纹理和一个颜色渐变节点，按组合键Ctrl+T对渐变纹理进行纹理映射。使用混合RGB来混合渐变效果和水彩纸效果，混合方式为"正片叠底"。

我们预期的渐变效果是上浅下深，因此先将纹理映射的Y轴旋转调整为90°，再将"渐变纹理"设为"线性"，"颜色渐变"设为"B-样条"，最后微调纹理映射的X轴位置，移动一下渐变中心（见图9-85），渐变效果如图9-86所示。

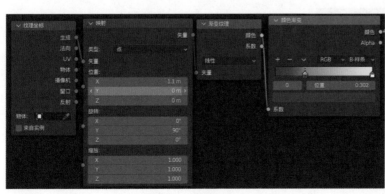

图9-85 背景渐变

图9-86 渐变效果

然后，将水彩纸和渐变效果的混合输出作为新的由光程信息控制的背景（见图9-87），最终效果如图9-88所示。

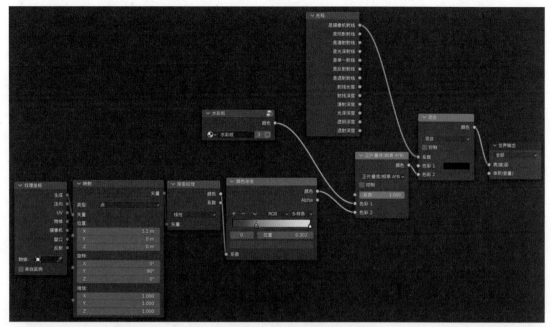

图9-87 纸纹理背景

图9-88 最终效果

4. 光照

为了改变玫瑰模型"一片死黑"的现状，在玫瑰模型顶部放置一个面光源，侧面放置3~4个面光源，并调整面光强度和大小，保证光照均匀，这一过程称为打光（见图9-89）。

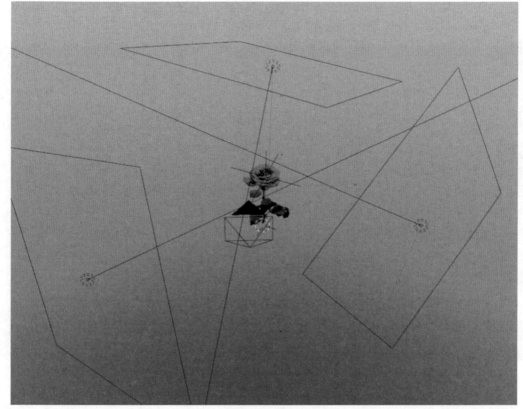

图9-89　打光

水彩材质

9.2.2　水彩材质

水彩材质效果的核心是菲涅尔现象，这是一个经常用到的节点，大家需要在本节的学习中重点掌握。

观察图9-90的这张水彩画图片，可以把水彩绘画的效果拆分成水痕、涂抹感和纸张肌理这几个部分，接下来用材质节点来逐步实现这几个效果。

图9-90　水彩效果

1. 水痕效果

水痕效果有点类似描边，可以用菲涅尔实现。

（1）层权重与菲涅尔

"层权重"节点可以输出菲涅尔效果，调整混合系数的值可以改变输出效果（见图9-91）。但若仅仅使用菲涅尔，则效果还不够。从图9-90的水彩画图片中也可以看到，水痕的形状和颜色并不规整，所以可以用噪波纹理再丰富一下细节，以产生不规则的效果（见图9-92）。

图9-91　层权重节点　　　　　图9-92　层权重节点输出效果

（2）肌理效果

新建"噪波纹理"，并添加"纹理坐标"节点，用"物体"的输出属性来控制噪波的"矢量"属性，如图9-93左侧所示的连接方法。

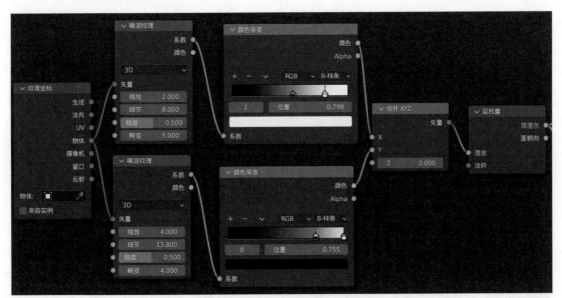

图9-93　噪波肌理

在"噪波纹理"和"层权重"节点之间增加一个"颜色渐变"节点，将类型设置为"B-样条线"，并调整黑白色块的距离控制对比度。为了丰富层次，我们将"噪波纹理"和"颜色渐变"进行复制，并使用同一个"纹理坐标"的"物体"输出属性控制，并调整新复制出的两个节点的属性及黑白滑块的位置，使其区别于之前的节点组合。

复制、调整完成后，我们使用"合并XYZ"节点来合并两个"颜色渐变"的输出，并将"矢量"输出属性连接至"层权重"节点的"混合"属性，完成有肌理感、描边感的水痕效果（见图9-94）。

图9-94   噪波肌理效果

经过噪波处理后，边缘轮廓会变得更加清晰，但同时还会保留一定的过渡和不规则感。

2. 水彩涂抹效果

新建一个"原理化BSDF"节点，将之前混合了两个颜色渐变的系数接入原理化BSDF的法向，再将输出接入表面（见图9-95），就可以看到玫瑰上呈现出了一种类似画笔涂抹的效果（见图9-96）。新的法向信息没有过多的细节，因此玫瑰可以呈现出一种大色块的感觉。

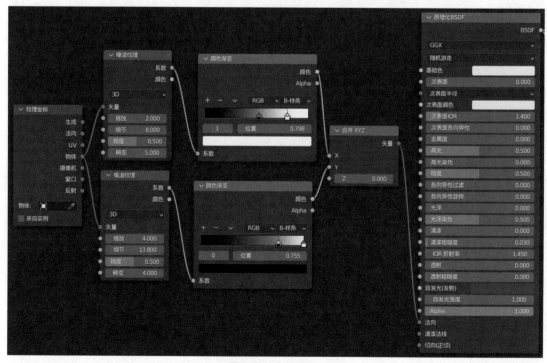

图9-95   色块效果

图9-96　接入法向前后效果对比

水彩涂抹效果是"原理化BSDF"的着色器输出，而水痕效果则是"层权重"节点的色彩信息输出，二者若想进行混合需要进行转换。这里，我们使用"Shader->RGB"节点将"原理化BSDF"转换成RGB色彩信息。再用"混合RGB"节点正片叠底混合两个颜色（见图9-97），混合后的效果如图9-98所示。

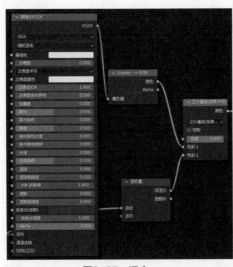

图9-97　混合

图9-98　混合后的效果

3. 调节

我们遵循"从整体到局部"的创作思路，这和绘画的思路类似，能确保在完成细节的同时把握整体。接下来进一步调整材质参数，完善细节。

首先调整水彩涂抹效果，在"Shader->RGB"节点的右侧增加一个颜色渐变节点来丰富颜色细节。可以在颜色栏单击加号增加几种颜色，注意将深色和浅色错开，效果将更有色块的质感。同时，对比度不要太大，以保证颜色之间有一定的过渡和融合（见图9-99），调整后的效果如图9-100所示。

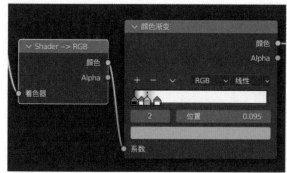

图9-99　色块调整

图9-100　调整后的效果

接下来调整水痕效果。在层权重节点右侧增加颜色渐变节点（见图9-101），若想要丰富层次则可以增加两个颜色渐变，并将二者用正片叠底的方式混合。在调整颜色参数时需注意水痕颜色和涂抹颜色之间的对比度，二者的颜色要有一定的差距但不能过于突兀。两个颜色渐变可以调节为不同的灰度，一个较深一个较浅，以丰富颜色层次，效果如图9-102所示。

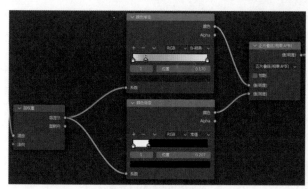

图9-101　水痕调整

图9-102　调整水痕后的效果

4. 颜色

之前的所有颜色调节都是在黑、白、灰的基础上进行的，现在我们把之前调整好的黑、白、灰作为系数，并添加新的颜色渐变节点，再调整颜色。以花朵部分为例，以红色作为主色，同时可以增加一些同色系的不同颜色，颜色可以深浅不一，这样也可以表现出水彩画笔触不均匀的肌理感（见图9-103），效果如图9-104所示。

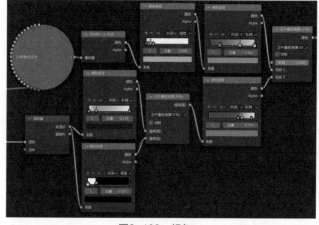

图9-103　颜色

图9-104　颜色效果

小贴士

在渲染设置中，调小视图采样的精度，会使色块感更加明显。在 NPR 渲染中，采样精度不是越高越好，而要根据风格和情况适时调整，如图 9-105 和图 9-106 所示。

图9-105　低精度表现

图9-106　高精度表现

5. 水彩纸纹理

将之前的环境节点打组，并和已经制作好的水彩材质进行混合，然后使用正片叠底的方法进行混合（见图9-107）。这样，材质就和背景完美贴合，有一种在纸上作画的质感（见图9-108）。

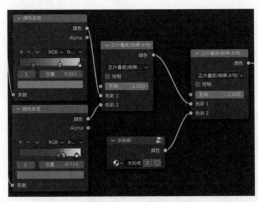

图9-107　混合纸纹理

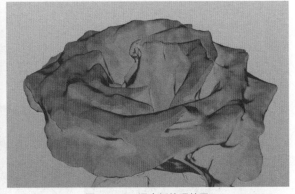

图9-108　混合纸纹理效果

9.2.3　叶子材质

叶子的材质内容和花朵的材质内容基本相同，只是颜色不同而已。所以，我们可以在前面的基础上先复制一个水彩材质，并将该材质重命名为叶子材质。

1. 分离模型

选中模型，进入编辑模式，选择顶点模式。打开半透明显示，确保视野另一

叶子材质

面的点也被选中。用框选方式选择茎叶部分，之后单击右侧材质面板的加号（＋）追加材质，追加的材质调整为刚刚复制出的叶子材质，在单击"指定"按钮后，刚刚选中的模型部分就使用了新增的叶子材质。

2. 调整颜色

叶子以绿色为主，因此，可以在9.2.3小节的水彩材质基础上更改颜色。红色和绿色是对比色，所以在选择绿色时要注意使用饱和度稍低的绿色，同时可以混入偏黄的绿色，调和红绿，丰富画面。当然也可以加入偏蓝的颜色等，只要让画面的色彩平衡即可，推荐大家多尝试不同的配色方案（见图9-109），叶子效果如图9-110所示。

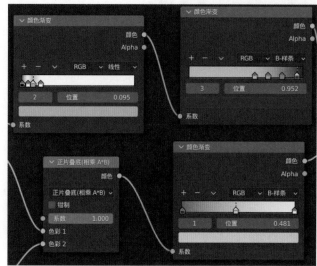

图9-109 叶子颜色

图9-110 叶子效果

9.2.4 描边效果

本小节我们为整个玫瑰花添加一个整体的描边，该方法适用于Eevee渲染器，不适用于Cycles渲染器。

描边效果

1. 材质

选择玫瑰花的材质属性，在列表中新增一个材质，并重命名为"描边"，该材质目前为材质栏中的第三个（见图9-111）。将默认的原理化BSDF改为自发光BSDF，如图9-112所示，同时将"自发光""颜色"改为"暗红"或"黑色"，并在材质属性中勾选"背面剔除"。

图9-111 描边材质

图9-112 描边材质节点

2. 实体化修改器

选择模型，添加一个实体化修改器，调整厚（宽）度。厚（宽）度的参数，负数表示向外扩，正数表示向内缩，这里我们将其设置为"0.001m"（见图9-113）。

勾选"法向"选项区域中的"翻转"复选项。选择"材质"选项区域中的"材质偏移"，其默认值是0，代表的是材质的索引从0开始，我们要使用新建的第3个描边材质，所以将"材质偏移"设为"2"（见图9-114）。

图9-113　实体化-厚度设置

图9-114　实体化-法向与材质设置

描边的粗细由实体化修改器的厚（宽）度参数控制，参数绝对值越小，线条越细。将线条的粗细调整到合适，然后调整线条的颜色，这样就能做出比较自然的描边效果来。图9-115和图9-116为两个厚（宽）度的不同效果图。

图9-115　-0.001m厚（宽）度

图9-116　-0.005m厚（宽）度

9.2.5　任务练习

（1）观看教学视频，完成玫瑰花水彩材质案例。

（2）掌握以下知识点。

① 光程信息节点、纹理映射、层权重等节点的原理和使用技巧。

② 颜色渐变节点的妙用。

③ 噪波纹理的使用技巧。

④ 使用实体化修改器实现的描边效果方案。

9.3 本章总结

至此，我们已经完成了水墨和水彩两个NPR渲染案例的实践。NPR材质的制作及其渲染需要很强的综合能力，它要求创作者既要具有一定的审美能力，也要具有逻辑分析能力，同时，还要熟练地掌握Blender中的材质节点，这需要长期进行感性与理性兼备的训练。

NPR渲染的风格多种多样，各种方法和技巧也需要我们灵活运用。要想实现各种效果，需要巧妙的构思和丰富的节点编辑经验，因此特总结以下4个技巧，希望能够给读者提供一定的启发。

1. 提取特征

利用识别美的眼睛和善于分析的大脑，从平面的风格中提取鲜明的特征，并进行归类。

2. 关系分析

思考并回答提取出的不同特征之间的区别和联系，以及应如何组合。

3. 特点分析

从实现该特点的思路出发，结合已经掌握的知识，剖析特点，探求、尝试并比较可行的实现方案。

4. 调整优化

一个个微不足道的参数实际上是效果实现的关键，要保持创意与审美，并保持耐心，不断修正。